中国机械工业教育协会"十四五"普通高等教育规划教材
国家级线上线下混合式一流本科课程配套教材

数据结构进阶实践教程
（C语言版）

徐洪珍　曾立庆　邹国华　主　编
艾菊梅　吴志强　许志文　副主编

电子工业出版社
Publishing House of Electronics Industry
北京·BEIJING

内 容 简 介

本书是一本专为提升学生数据结构实践能力而编写的教材，围绕几种常见的数据结构和数据操作，将实践内容分成基础实践、基础进阶、竞赛进阶、考研进阶四部分，其中，基础进阶是对基础实践内容的拓展，竞赛进阶和考研进阶是本章内容在算法竞赛和全国数据结构考研中的进一步拓展。学习者可以根据不同的需求，进行不同的实践任务，以体现实践任务的进阶性和挑战性。另外，本书也精选部分教学实践案例，将数据结构、算法设计、科技文化等相关的思政元素融入实践案例中。

本书既可以与《数据结构》相关理论教材配套使用，也可以作为计算机相关从业人员自我提升和参考的工具书。

未经许可，不得以任何方式复制或抄袭本书之部分或全部内容。
版权所有，侵权必究。

图书在版编目（CIP）数据

数据结构进阶实践教程：C 语言版 / 徐洪珍，曾立庆，邹国华主编. -- 北京：电子工业出版社，2024.8.
ISBN 978-7-121-48558-9
Ⅰ. TP311.12
中国国家版本馆 CIP 数据核字第 2024CN4156 号

责任编辑：贺志洪　　　文字编辑：戴　新
印　　刷：三河市君旺印务有限公司
装　　订：三河市君旺印务有限公司
出版发行：电子工业出版社
　　　　　北京市海淀区万寿路 173 信箱　邮编 100036
开　　本：787×1092　1/16　印张：15　字数：384 千字
版　　次：2024 年 8 月第 1 版
印　　次：2024 年 8 月第 1 次印刷
定　　价：59.80 元

凡所购买电子工业出版社图书有缺损问题，请向购买书店调换。若书店售缺，请与本社发行部联系，联系及邮购电话：(010) 88254888，88258888。
质量投诉请发邮件至 zlts@phei.com.cn，盗版侵权举报请发邮件至 dbqq@phei.com.cn。
本书咨询联系方式：(010) 88254609，hzh@phei.com.cn。

前　言

"数据结构"是高等学校计算机大类相关专业的一门核心基础课程，具有理论性强、算法抽象等特点。如何将理论与实践有机结合，提高同学们的编程实践能力，尤其是提高设计算法解决实际问题的能力，是本课程的一个重要教学目标。

为了全面落实党的"二十大报告"中关于高等教育必须以落实立德树人根本任务，培养堪当民族复兴重任时代新人的目标，同时充分体现"数据结构"实践内容的进阶性和挑战度，本书围绕几种常见的数据结构和数据操作，将内容分为8章。每章将实践内容分成基础实践、基础进阶、竞赛进阶、考研进阶四部分，任课教师可以根据教学的需要，对不同的学生分配不同的实践任务，以体现实践教学要求的进阶性和挑战性。

本书作为"数据结构"国家级线上线下混合式一流本科课程的阶段性成果之一，其主要的特色及创新点如下。

1. 融入思政元素，落实立德树人

围绕知识、能力和素质培养目标，本书将数据结构、算法设计、科技文化等思政元素有机地融入实践案例中，使学生在加强实践能力训练的同时，培养良好的编程素养和团队精神、精于钻研的"工匠"精神、勇于创新的精神，以及科技报国的爱国情怀。同时，本书每章最少包含一个融入课程思政的实践案例，有效地将"立德树人"贯穿于每章的实践内容之中，能为任课教师开展相关思政课程提供借鉴。

2. 强化多类进阶，增强进阶性和挑战性

本书每章内容包括基础实践、基础进阶、竞赛进阶、考研进阶，其中基础实践用于帮助学生巩固消化课堂知识，巩固基本实践能力；基础进阶是对基础实践内容的拓展，培养解决一般实际问题的能力；竞赛进阶和考研进阶是本章内容在算法竞赛和全国数据结构考研中的进一步拓展，增强学生解决复杂问题的能力，培养高阶思维，具有很好的挑战度。书中内容涵盖基础→进阶→竞赛（考研），具有很好的递进关系，充分体现了内容的进阶性和挑战度，有利学生夯实基础，培养能力，拓宽视野，为后续读者参加竞赛或考研提供实践训练和思路帮助。

3. 精心设计案例，强化实践能力

编者团队通过广泛收集资料、反复讨论、精心打磨，最后形成实践案例内容。每个实践案例均由"实践目的"、"实践内容"、"数据结构设计"、"实践方案"、"参考代码"和"功能测试"六个部分组成，力求做到既有各种数据结构理论知识的应用，又有进阶拓展，同时，部分案例有机地融入课程思政内容。章节中带有"*"的实践案例可用于数据结构课程设计选题，学生可以根据自身需求选择性地使用，有效锻炼相应的实践能力。

4. 内容循序渐进，突出自主探索

每章内容按基础实践、基础进阶、竞赛进阶、考研进阶四个层面组织，内容循序渐进，

实践指导由详到略。只有在基础实践中给出完整的参考代码，在其他进阶中，只给出设计思路或提示，最后的实践代码可扫码书中二维码获取，从而给学生充分的发挥空间，促进其自主探索和创新能力的提高。

本书由课程团队协作完成，其中由徐洪珍教授策划、统稿，并与艾菊梅教授共同完成书稿的审核工作。第 1 章由徐洪珍执笔，第 2 章由艾菊梅执笔，第 3 章和第 4 章由吴志强执笔，第 5 章和第 6 章由邹国华执笔，第 7 章和第 8 章由曾立庆和许志文执笔。

在本书的编写过程中参考了一些优秀书籍，列于书末的参考文献中，在此谨向其作者表示衷心的感谢。

由于编者学识有限，书中定有不足之处，敬请读者批评指正。

编者

2024 年 1 月

目　　录

第1章　线性表 ··· 1

1.1　基础实践 ··· 1
- 1.1.1　顺序表的基本操作 ··· 1
- 1.1.2　单链表的基本操作 ··· 5
- 1.1.3　循环链表的基本操作 ··· 10

1.2　基础进阶 ··· 13
- 1.2.1　顺序表的逆置 ··· 13
- 1.2.2　最值查找定位插入 ··· 15
- 1.2.3　单链表的逆置 ··· 16
- 1.2.4　循环链表有序合并 ··· 18
- 1.2.5　节能减排查询系统* ··· 20

1.3　竞赛进阶 ··· 27
- 1.3.1　寻找三位数 ··· 27
- 1.3.2　复数求和 ··· 29

1.4　考研进阶 ··· 30
- 1.4.1　删除单链表中值相等的节点 ··· 30
- 1.4.2　单链表的双向遍历 ··· 32

第2章　栈与队列 ··· 34

2.1　基础实践 ··· 34
- 2.1.1　顺序栈的基本操作 ··· 34
- 2.1.2　链栈的基本操作 ··· 37
- 2.1.3　循环队列的基本操作 ··· 40
- 2.1.4　链队的基本操作 ··· 43

2.2　基础进阶 ··· 46
- 2.2.1　数制转换 ··· 46
- 2.2.2　模拟学生食堂排队* ··· 47

2.3　竞赛进阶 ··· 53
- 2.3.1　判断括号配对 ··· 53
- 2.3.2　汽车轮渡算法* ··· 56

2.4　考研进阶 ··· 65
- 2.4.1　用栈实现队列逆置 ··· 65

　　　　2.4.2　共享栈 ·· 67

第3章　串 ··· 72
　3.1　基础实践 ··· 72
　　　3.1.1　串的基本操作 ·· 72
　　　3.1.2　简单模式匹配算法 ··· 78
　3.2　基础进阶 ··· 81
　　　3.2.1　验证回文串 ·· 81
　　　3.2.2　病毒感染检测问题* ·· 82
　3.3　竞赛进阶 ··· 86
　　　3.3.1　无重复字符的最长子串 ·· 86
　　　3.3.2　最长回文子串 ·· 88
　3.4　考研进阶 ··· 90
　　　3.4.1　统计子串出现的次数 ·· 90
　　　3.4.2　字符串的替换 ·· 91

第4章　数组 ·· 94
　4.1　基础实践 ··· 94
　　　4.1.1　矩阵转置 ··· 94
　　　4.1.2　矩阵加、减法 ·· 98
　4.2　基础进阶 ·· 105
　　　4.2.1　快速转置 ·· 105
　　　4.2.2　矩阵乘法 ·· 107
　4.3　竞赛进阶 ·· 109
　　　4.3.1　重塑矩阵 ·· 109
　　　4.3.2　矩阵置零 ·· 111
　4.4　考研进阶 ·· 112
　　　4.4.1　矩阵的旋转 ··· 112
　　　4.4.2　托普利茨矩阵 ··· 114

第5章　树和二叉树 ·· 116
　5.1　基础实践 ·· 116
　　　5.1.1　二叉树的遍历 ··· 116
　　　5.1.2　二叉树的应用 ··· 119
　5.2　基础进阶 ·· 121
　　　5.2.1　二叉树所有节点交换左右子树 ·· 121
　　　5.2.2　二叉树的非递归遍历 ·· 123
　　　5.2.3　哈夫曼树创建与编码 ·· 125
　　　5.2.4　家庭族谱树的构造* ·· 128
　5.3　竞赛进阶 ·· 131

	5.3.1	从先序与中序遍历序列中构造二叉树	131
	5.3.2	FBI 树	132
5.4	考研进阶		135
	5.4.1	子孙节点的判断	135
	5.4.2	将表达式树转变成等价的中缀表达式	136

第 6 章 图 139

- 6.1 基础实践 139
  - 6.1.1 图的深度优先遍历 139
  - 6.1.2 图的广度优先遍历 142
- 6.2 基础进阶 146
  - 6.2.1 最小生成树 146
  - 6.2.2 最短路径 149
  - 6.2.3 北斗卫星导航系统* 152
- 6.3 竞赛进阶 155
  - 6.3.1 二分图 155
  - 6.3.2 危险系数 158
- 6.4 考研进阶 161
  - 6.4.1 回路判断 161
  - 6.4.2 判断图中是否存在 EL 路径 163

第 7 章 查找 166

- 7.1 基础实践 166
  - 7.1.1 静态表查找 166
  - 7.1.2 动态表查找 172
- 7.2 基础进阶 177
  - 7.2.1 基于斐波那契的学业预警状态查询问题* 177
  - 7.2.2 基于哈希表的信用等级查询系统* 181
- 7.3 竞赛进阶 190
  - 7.3.1 有效的字母异位词 190
  - 7.3.2 寻找旋转排序数组中的最小值 192
- 7.4 考研进阶 195
  - 7.4.1 求两升序序列的中位数 195
  - 7.4.2 未出现过的最小正整数 198

第 8 章 排序 201

- 8.1 基础实践 201
  - 8.1.1 简单排序方法实现 201
  - 8.1.2 快速排序方法实现 206
- 8.2 基础进阶 213

      8.2.1   基于双轴快排的全国各省市 GDP 排名系统* ……………………… 213

      8.2.2   求逆序对问题* ……………………………………………………… 218

  8.3 竞赛进阶 …………………………………………………………………… 220

      8.3.1   按奇偶排序数组 …………………………………………………… 220

      8.3.2   最大间距 …………………………………………………………… 222

  8.4 考研进阶 …………………………………………………………………… 225

      8.4.1   找伙伴 ……………………………………………………………… 225

      8.4.2   查找数组中最小的 10 个数 ……………………………………… 227

参考文献 ……………………………………………………………………………… **230**

第1章 线性表

1.1 基础实践

1.1.1 顺序表的基本操作

1. 实践目的

（1）理解顺序表的基本概念及逻辑结构。
（2）掌握顺序表的存取方式。
（3）能够编写顺序表的输入、输出、插入和删除算法。

2. 实践内容

（1）实现顺序表的输入操作。
（2）实现顺序表的输出操作。
（3）实现顺序表的插入操作。
（4）实现顺序表的删除操作。

3. 数据结构设计

线性表是 n 个数据元素的有限序列，每个数据元素的具体含义，在不同的情况下各不相同。顺序表是线性表的顺序存储表示，用一组地址连续的存储单元依次存储线性表的数据元素。

在 C 语言中，顺序表的数据结构定义如下。

```
typedef struct
{
    Elemtype *list;      //定义指针变量存放顺序表元素的首地址
    int len;             //定义整型变量存放顺序表的实际长度
}SqList;
```

4. 实践方案

（1）基本概念

在 C 语言中，顺序表是用数组来实现的。

假设初始数组分配的最大长度为 255，如果数组空间不足，就可以向系统动态申请增加空间，设每次申请增加的空间为 10，程序首部代码如下：

```
#include <stdio.h>
#define L_MAXNUM 255    //初始数组分配的最大长度为255
#define L_INCREMENT 10  //增加分配长度
```

（2）顺序表的输入函数 Sqlist_Input (SqList &la, int m)

顺序表的输入用一个函数实现，函数采用引用的方式传递参数，引用一个别名，函数被调用时引用存放的是主调函数的实参变量的地址。因此，被调函数对形参做的任何操作都影响主调函数中的实参变量，对形参的访问实际上就是对实参的访问，可以通过修改形参把数据传回主调函数，引用要求实参必须是变量。

（3）顺序表的输出函数 Sqlist_Ouput (SqList la)

顺序表的输出函数比较简单，通过一个循环输出顺序表中的每个元素。

（4）顺序表的插入函数 Sqlist_Insert (SqList &la, int ps, int x)

在插入元素的时候，首先判断该顺序表是否为满，如为满，则报错，此时要注意顺序表是用数组来实现的，不能随机分配空间；如不为满，则需判断要插入的位置是否合法。例如，如果一个线性表的元素只有 10 个，则在第 0 个元素前插入或在第 11 个元素后插入就为不合法。如果插入位置合法，则插入顺序表元素的思路是从表最后一个元素开始，至要插入元素的位置结束，依次将元素向后移动一个位置，在指定位置插入元素且表长加 1。在顺序表元素 a_i 前插入元素 x 的操作前后存储结构如图 1-1 所示。

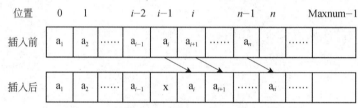

图 1-1　顺序表插入元素 x 的操作前后存储结构

（5）顺序表的删除函数 Sqlist_Delete (SqList &la, int ps, int &x)

在顺序表中进行删除操作时，首先判断该顺序表是否为空，如为空，则报错；如不为空，则判断要删除的位置是否合法。例如，如果一个线性表的元素只有 10 个，则删除元素的位置小于 1 或大于 10 就为不合法。如果删除的位置合法，则执行删除操作。删除顺序表元素的思路是从需删除元素的位置开始，至最后一个元素结束，依次将后一个元素覆盖前一个元素，并且表长减 1。删除顺序表元素的操作前后存储结构如图 1-2 所示。

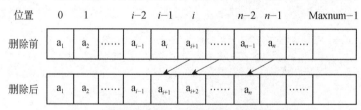

图 1-2　删除顺序表元素的操作前后存储结构

5. 参考代码

```c
#include <stdio.h>
#include <malloc.h>
#define Maxnum 255
#define L_INCREMENT 10
typedef int Elemtype;
typedef struct
{
    Elemtype *list;
```

```c
    int len;
}SqList;

//创建一个长度为m的顺序表
void Sqlist_Input(SqList &la,int m)
{
    int i;
    la.list=(Elemtype *)malloc(Maxnum*sizeof(Elemtype));
    if (!la.list) printf("creat list error!");
    else
    {
        la.len=m;
        printf("Input list numbers:");
        for(i=0;i<la.len;i++)           //输入表中元素
            scanf("%d",&la.list[i]);
    }
}

//输出顺序表
void Sqlist_Ouput(SqList la)
{
    int i;
    printf("Ouput list numbers:\n");
    for(i=0;i<la.len;i++)
        printf("%4d",la.list[i]);
    printf("\n");
}

//在顺序表位置ps处插入元素x
void Sqlist_Insert(SqList &la,int ps,int x)
{
    int i;
    if (la.len>=Maxnum)   //判断表满
        printf("list is owerflow");
    else if (ps>la.len+1||ps<=0)  //判断插入位置是否合法
        printf("ps error\n" );
    else
    {
        for(i=la.len-1;i>=ps-1;i--)
            la.list[i+1]=la.list[i];
        la.list[i+1]=x;      //插入元素
        la.len++;
    }
}

//删除顺序表ps处的元素,赋值给x
int Sqlist_Delete(SqList &la,int ps,int &x)
{
    int i;
    if (la.len==0)      //判断表是否为空
        printf("list len is 0, delete error!");
    else if (ps>la.len||ps<=0)   //判断插入位置是否合理
    {
        printf("ps error\n" );
        return 0;
    }
    else
    {
```

```
            x=la.list[ps-1];
            for(i=ps;i<la.len;i++)
                la.list[i-1]=la.list[i];
            la.len--;
            return 1;
        }
}
void main()
{
    int n,r;
    SqList ql;
    int ps,x;
    int dx;
    printf("input node num:");
    scanf("%d",&n);
    Sqlist_Input(ql,n);
    Sqlist_Ouput(ql);
    printf("\n");
    printf("input insert position & num:\n");
    scanf("%d%d",&ps,&x);
    Sqlist_Insert(ql,ps,x);
    Sqlist_Ouput(ql);
    printf("input delete position :\n");
    scanf("%d",&ps);
    r=Sqlist_Delete(ql,ps,dx);
    if(r)
    {
        printf("delete after :\n");
        Sqlist_Ouput(ql);
        //printf("delete value:%d\n",dx);
    }
}
```

6. 功能测试

顺序表输入/输出、元素插入、元素删除、元素插入位置非法测试结果分别如图 1-3 ～ 图 1-6 所示。

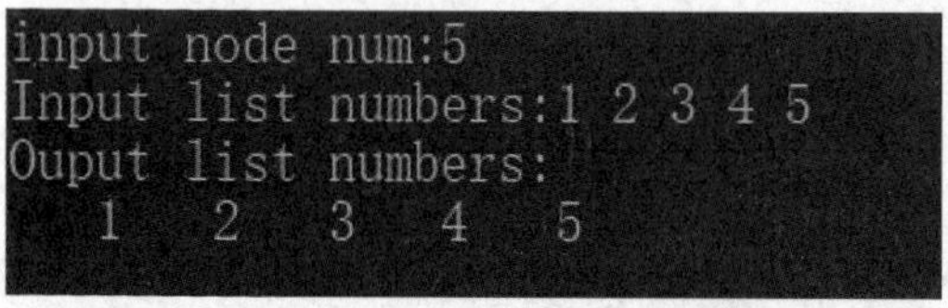

图 1-3 顺序表输入/输出测试结果

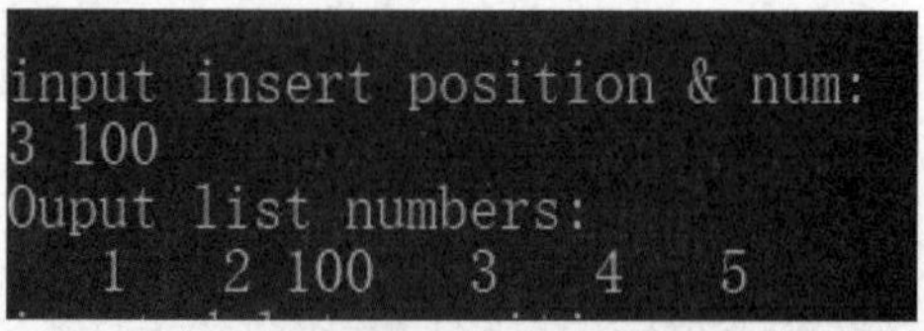

图 1-4 顺序表元素插入操作测试结果

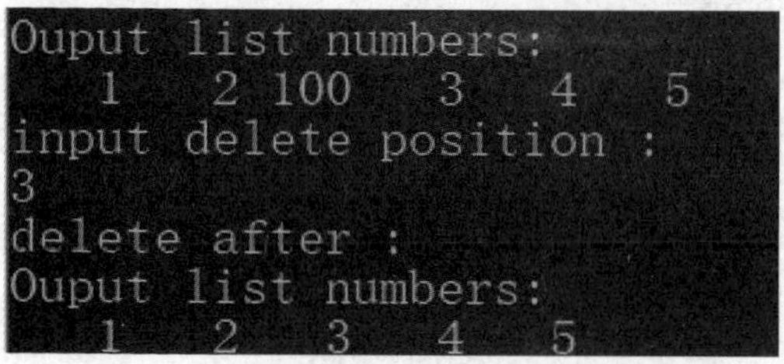

图 1-5 顺序表元素删除操作测试结果

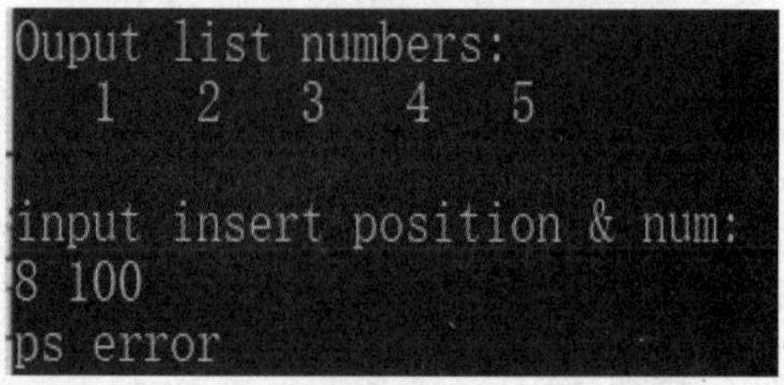

图 1-6 元素插入位置非法测试结果

1.1.2 单链表的基本操作

1. 实践目的

（1）掌握单链表的基本概念及逻辑结构。
（2）掌握单链表的存取方式。
（3）能够编写单链表的创建、插入、删除和输出算法。

2. 实践内容

（1）实现单链表的创建操作。
① 使用头插法创建单链表。
② 使用尾插法创建单链表。
（2）实现单链表的输出操作。
（3）实现单链表的插入操作。
（4）实现单链表的删除操作。

3. 数据结构设计

单链表是线性表的链式存储表示，用一组地址任意的存储单元（连续的或不连续的）存储表中各个数据元素，数据元素之间的逻辑关系通过指针间接地反映出来，线性表的这种存储结构称为线性链表或单链表。为了表示每个数据元素 a_i 与其直接后继元素 a_{i+1} 之间的逻辑关系，对数据元素 a_i 来说，除存储其本身的信息外，还需存储一个指示其直接后继元素的信息，即直接后继元素的存储位置，这部分用指针来完成。单链表节点的存储结构如图 1-7 所示。

图 1-7 单链表节点的存储结构

单链表的存储结构如图 1-8 所示。

图 1-8 单链表的存储结构

单链表的结构定义如下。

```
typedef int Elemtype;           //定义单链表节点元素类型
typedef struct LNode
{
   Elemtype data;               //定义单链表节点元素
   struct LNode *link;          //定义单链表节点中指向下一节点的指针
}*LinkList;                     //定义单链表节点类型
```

4. 实践方案

（1）单链表的创建函数 Llist_Creat ( )

单链表是一个动态的存储结构，不需要预先分配空间，创建单链表就是将节点逐个插入空单链表。可以先建立一个只含头节点的空单链表，再依次读取非零数据，分别生成新节点，然后将其逐个插入单链表的头部或尾部（分别称其为头插法和尾插法），直至读取到的数据为 0，0 作为数据输入的结束标志。

头插法的思路：先从内存中申请一个新的节点空间，将节点地址赋给指针 p，将数据信息 item 置于新节点的数据域内，然后将第 1 个节点的指针 list 送到新节点的指针域内，同时将新节点的地址赋给 list。至此，新节点已经插到单链表的最前面，成为新单链表的第 1 个节点。最后，将指针 list 指向这个新节点即完成整个插入过程。图 1-9 是在空链表上插入一个节点之前的指针指向，图 1-10 是将一个节点插入链表之后的指针指向，list 是指向单链表的头指针。

图 1-9　在空链表上插入一个节点之前的指针指向　　图 1-10　将一个节点插入链表之后的指针指向

重复上述过程，依次插入其余元素。图 1-11 是在非空链表上用头插法插入节点 p 之前的指针指向，图 1-12 是在非空链表上用头插法插入节点 p 之后的的指针指向。

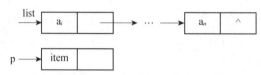

图 1-11　在非空链表上用头插法插入节点 p 之前的指针指向

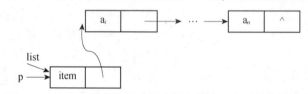

图 1-12　在非空链表上用头插法插入节点 p 之后的指针指向

尾插法的思路：先定义一个头节点，并将其初始化为空指针，再遍历需要转换为单链表的数据集合，对于数据集合中的每一个元素，都创建一个新的节点，并设置其数据域为该元素的值。若链表为空，则将新节点直接设置为头节点；若链表为非空，则遍历到链表的最后一个节点，并将其指针域指向新节点。最后，更新链表的最后一个节点为新节点。图 1-13 是用尾插法在非空链表上插入一个节点的图示。

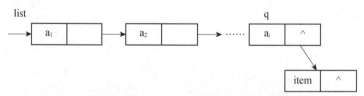

图 1-13　用尾插法在非空链表上插入节点的图示

（2）单链表的输出函数 Llist_output (LinkList list)

单链表的输出思路：先设置一个指针 p，让它指向单链表的头指针 list，再判断 p 是否为空，若不为空则输出其 item 值，p 指针后移一个节点，直至 p 为空结束。关键操作如下：

```
p=list
判断 p=NULL，是则结束
否则执行：输出节点元素，指针后移 p=p->link，返回上一步。
```

（3）单链表的插入函数 Llist_Insert (LinkList &list, int i, Elemtype item)

在线性链表中第 *i* 个链节点后面插入一个数据信息为 item 的链节点，这里的 *i* 不是节点的地址，只是一个序号。假设指针变量 p 是指向第 *i* 个数据元素的指针，则 p->link 是指向

第 $i+1$ 个数据元素的指针。为此，首先应该从第一个节点出发，找到第 i 个链节点，然后将新节点插在其后。图 1-14 是在第 i 个节点之后插入操作图示。

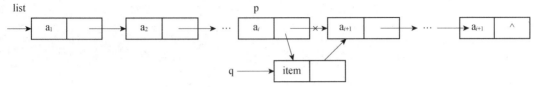

图 1-14　在第 i 个节点之后插入操作

其关键指针操作有：q->link=p->link，p-link=q。

（4）单链表的删除函数 Llist_Delete (LinkList &list, int n)

单链表的删除操作：首先，需要判断删除位置的合法性，如果删除位置合法，则先确定待删除节点的前驱节点（第 $i-1$ 个节点），通过修改链表指针将被删节点从链表中删除，最后释放被删节点的空间；否则操作失败。为此，首先从第一个节点出发，找到第 $i-1$ 个链节点，让指针变量 p 指向第 $i-1$ 个节点，删除第 i 个节点的关键操作有 q=p->link；p->link=q->link，free(q)。图 1-15 是删除第 i 个节点操作图示。

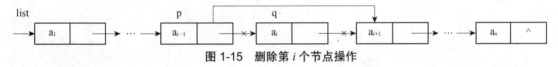

图 1-15　删除第 i 个节点操作

5. 参考代码

```c
#include <stdio.h>
#include <malloc.h>
typedef int Elemtype;
#define NULL 0
typedef struct LNode
{
   Elemtype data;
   struct LNode *link;
 }*LinkList;

//头插法：创建链表list,list指向表头
LinkList Llist_Creat()
{
   LinkList  p, list=NULL;
   Elemtype a;
   printf("输入创建链表的数据，输入 0 结束\n");
   scanf("%d",&a );
   while(a!=0)
   {
      p=(LinkList)malloc(sizeof(LNode));
      p->data=a;
      p->link=list;
      list=p;
      scanf("%d",&a );
      // 输入表中的元素，以 0 作为输入结束标志，0 不出现在链表中
   }
   return list;
}

//输出链表
```

```c
void Llist_output(LinkList list)
{
    LinkList p=list;
    while(p)
    {
        printf("%d ",p->data );
        p=p->link;
    }
   printf("\n ");
}

//删除链表中第 n 个节点
int Llist_Delete(LinkList &list,int n)
{
    LinkList p,q=list;
    int len=0,k=0;
    while(q)
    {
        len++;
        q=q->link;
    }
    q=list;
    if (n<=0||n>len)
    {
        printf("delete position error!");
        return 0;
     }
     else if (n<=1&&q)
        {
            list=q->link;
            free(q);
            return 1;
        }
        else
        {
            while(q&&k<n-2)
            {
                k++;
                q=q->link;
            }
            p=q->link;
            q->link=p->link;
            free(p);
            return 1;
        }
}

//在链表第 i 个节点之后插入节点
int Llist_Insert( LinkList &list, int i, Elemtype item )
{
    LinkList p,q=list;
    int j,len=0;
    while(q)
    {
        len++;
        q=q->link;
    }
    q=list;
    if (i<0||i>len)
    {
```

```c
        printf("position error!");
        return 0;
    }
    p=(LinkList)malloc(sizeof(LNode));
    p->data=item;
    if (i==0)
    {
        p->link=q;list=p;
        return 1;
    }
    else
    {
        for(j=1;j<=i-1;j++)
        {   // 寻找第 i 个节点
            q=q->link;
            if(!q) return 0;          // 不存在第 i 个节点
        }
    p->link=q->link;
    q->link=p;
    return 1;
    }
}

//尾插法：创建链表 list, list 指向表头
LinkList Llist_Creat2()
{
    LinkList  p, q,list=NULL;
    Elemtype a;
    printf("输入创建链表的数据, 输入 0 结束\n");
    scanf("%d",&a );
    while(a!=0)
    {
        p=(LinkList)malloc(sizeof(LNode));
        p->data=a;
        p->link=NULL;
        if (!list)
            list=p;
        else
            q->link=p;
        q = p;
        scanf("%d",&a );  // 输入表元素, 以 0 结束, 0 不出现在链表中
    }
    return list;
}

void main()
{
    int k,i;
    Elemtype b;
    LinkList p;
    p=Llist_Creat();
    //p=Llist_Creat2();
    printf("头插法创建链表输出:") ;
    //printf("尾插法创建链表输出:") ;
    Llist_output(p);
    printf("输入插入位置和数据:") ;
    scanf("%d",&i);
    scanf("%d",&b);
    k=Llist_Insert(p,i,b);
```

```
    printf("插入后链表输出:") ;
    Llist_output(p);
    printf("输入删除节点的位置:") ;
    scanf("%d",&k);
    k=Llist_Delete(p,k);
    printf("删除后链表输出:") ;
    Llist_output(p);
}
```

6. 功能测试

单链表的头插法和尾插法创建、插入、删除操作测试结果如图 1-16 和图 1-17 所示。

图 1-16　单链表的头插法创建、插入、删除操作测试结果　　图 1-17　单链表的尾插法创建、插入、删除操作测试结果

1.1.3　循环链表的基本操作

1. 实践目的

（1）理解循环链表的基本概念及逻辑结构。
（2）掌握循环链表的存取方式。
（3）能够编写循环链表的输入、输出、插入和删除算法。

2. 实践内容

（1）实现循环链的创建操作。
（2）实现循环链的输出操作。
（3）实现循环链的插入操作。
（4）实现循环链的删除操作。

3. 数据结构设计

循环链表的数据结构定义与 1.1.2 节介绍的单链表的数据结构定义相同。

4. 实践方案

（1）循环链的创建函数 Llist_Creat2 ( )

循环链表的创建与 1.1.2 节介绍的单链表的创建类似，区别是循环链表最后那个节点的指针不再存放 NULL，而是指向链表的第 1 个链节点，整个链表形成一个环，如图 1-18 所示。

为了简化链表操作，可以在链表的第 1 个链节点的前面设置一个特殊节点，称为头节点。头节点的构造与链表中其他链节点的构造相同，但数据域可以不存放信息，也可以存放一些诸如线性表长度的信息，指针域存放线性表第 1 个数据元素对应的链节点的位置。如果线性表为空，则相应的循环链表此时并不为空链表，还有一个头节点，其指针域指向头节点自己，如图 1-19 所示。

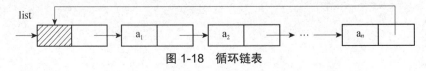

图 1-18　循环链表

在循环链表中可以周而复始地访问链表中所有节点，要遍历整个链表，只需要设置一个活动指针 p，令其初始时指向头节点，即 p=list，然后反复执行 p=p->link，直到 p 等于 list。

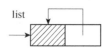

图 1-19 空循环链表

循环链表的基本操作与前面讨论过的单链表的操作基本相同，只是循环条件不是判断 p 是否为空，而是判断其是否指向最前面那个链节点。也可以不在循环链表中设置头指针，而是设置尾指针，尾指针指向链表的最后节点，这样操作更方便。

（2）循环链表的输出函数 Llist_output (LinkList &list)

循环链表的输出与 1.1.2 节介绍的单链表输出类似，区别是判断输出的结束条件不同，循环链表的结束条件是用于遍历的指针 p 指向表头指针 list。

（3）循环链表的插入函数 Llist_Insert (LinkList &list, int i, Elemtype item)

循环链表的插入与 1.1.2 节介绍的单链表插入操作类似，区别与本节（2）相同。

（4）循环链表的删除函数 Llist_Delete (LinkList &list, int n)

循环链表的删除与 1.1.2 节介绍的单链表删除操作类似，区别与本节（2）相同。

5. 参考代码

```c
#include <stdio.h>
#include <malloc.h>
typedef int Elemtype;
#define NULL 0
typedef struct LNode
{
   Elemtype data;
   struct LNode *link;
}*LinkList;

//以尾插法创建链表 list，list 指向表头
LinkList Llist_Creat2()
{
   LinkList  p, q,list=NULL;
   Elemtype a;
   list=q=(LinkList)malloc(sizeof(LNode));//建立头节点
   printf("输入循环链表数据，输入 0 结束\n");
   scanf("%d",&a );
   while(a!=0)
{
      p=(LinkList)malloc(sizeof(LNode));
      p->data=a;
      q->link=p;
      q=p;
      scanf("%d",&a );  // 输入表元素，以 0 结束，0 不出现在链表中
    }
    q->link=list;
    return list;
 }

//输出链表
void Llist_output(LinkList list)
{
   LinkList p=list->link;
   while(p!=list)
    {
      printf("%4d",p->data );
      p=p->link;
```

```c
    }
    printf("\n ");
}

//删除链表中第 n 个节点
int Llist_Delete(LinkList &list,int n)
{
    LinkList p,q=list->link;
    int len=0,k=0;
    while(q!=list)
    {
        len++; q=q->link;
    }
    q=list->link;
    if (n<=0||n>len)
    {
        printf("delete position error!");
        return 0;
    }
    else if (n==1&&q)
     {
        list->link=q->link;
        free(q);
        return 1;
     }
     else
     {
        while(q&&k<n-2)
        {
            k++;
            q=q->link;
        }
        p=q->link;
        q->link=p->link;
        free(p);
        return 1;
     }
}

//在链表第 i 个节点之后插入节点
int  Llist_Insert( LinkList &list, int i, Elemtype item )
{
    LinkList p,q=list->link;
    int j,len=0;
    while(q!=list)
    {
        len++;
        q=q->link;
    }
     q=list->link;
     if (i<0||i>len)
     {
        printf("position error!");
        return 0;
     }
    p=(LinkList)malloc(sizeof(LNode));
    p->data=item;
    if (i==0)
    {
        p->link=q;
```

```
        list->link=p;
        return 1;
    }
    else
    {
        for(j=1;j<=i-1;j++)
        {        // 寻找第 i 个节点
            q=q->link;
            if(!q) return 0;    // 不存在第 i 个节点
        }
        p->link=q->link;
        q->link=p;
        return 1;
    }
}
void main()
{
    int i,b,k;
    LinkList p;
    p=Llist_Creat2();
    printf("尾插法创建链表输出:") ;
    Llist_output(p);
    printf("输入插入位置和数据:") ;
    scanf("%d",&i);
    scanf("%d",&b);
    k=Llist_Insert(p,i,b);
    printf("插入后链表输出:") ;
    Llist_output(p);
    printf("输入删除节点的位置:") ;
    scanf("%d",&k);
    k=Llist_Delete(p,k);
    printf("删除后链表输出:") ;
    Llist_output(p);
}
```

6. 功能测试

循环链表的创建、插入、删除操作测试结果如图 1-20 所示。

图 1-20　循环链表的创建、插入、删除操作测试结果

1.2　基础进阶

1.2.1　顺序表的逆置

1. 实践目的

（1）能够实现顺序表的存取操作。

（2）能够设计顺序表的逆置算法。

（3）能够应用顺序表的基本操作实现顺序表的逆置算法。

2. 实践内容

在 1.1.1 节介绍的创建顺序表的基础上，在不开辟另外存储空间的前提下，实现顺序表的逆置，如原顺序表为 1，2，3，4，逆置后为 4，3，2，1。

具体内容如下：

（1）输入一个具有 *n* 个整数的顺序表。

（2）输出逆置前的内容。

（3）实现顺序表的逆置。

（4）输出逆置后的内容。

3. 数据结构设计

本内容数据结构与 1.1.1 节介绍的顺序表的数据结构定义相同。

```
typedef struct
{
    Elemtype *list;   //定义指针变量存放顺序表元素的首地址
    int len;          //定义整型变量存放顺序表的实际长度
}SqList;
```

4. 实践方案

（1）顺序表的输入函数 Sqlist_Input (SqList &la, int m)

该输入函数与 1.1.1 节介绍的顺序表输入函数相同。

（2）顺序表的逆置函数 Inversion (SqList &la &la)

本函数采用顺序表的首尾元素交换位置的方法实现逆置。假设 *n* 个整数存放在一个一维数组中，对数组的两端首尾对应位置的元素进行交换。

（3）顺序表的输出函数 Sqlist_Ouput (SqList la)

该输出函数与 1.1.1 节介绍的输出函数相同。

5. 参考代码

```
//顺序表的逆置函数
void Inversion(SqList &la)
{
    int i,t;
    for(i=0;i<la.len/2;i++)
    {
        t=la.list[i];
        la.list[i]=la.list[la.len-i-1];
        la.list[la.len-i-1]=t;
    }
}
```

扫以下的二维码查看完整程序代码。

扫码查看 1.2.1.cpp

6. 功能测试

顺序表的逆置操作功能测试结果如图 1-21 所示。

图 1-21 顺序表的逆置操作功能测试结果

1.2.2 最值查找定位插入

1. **实践目的**

（1）能够实现顺序表的存取操作。
（2）能够设计在顺序表中查找最大（小）值的算法。
（3）能够应用顺序表的基本操作实现最值插入操作。

2. **实践内容**

在 1.1.1 节介绍的顺序表的输入、输出操作基础上，设计一个算法以实现顺序表的查找和插入操作。假设有一个由 n 个整数组成的顺序表，要求查找顺序表的最大值和最小值，然后将最大值插入在最小值后面。如原顺序表为 12，6，4，20，14，7，9，36，10，15，找到的最大值是 36，最小值是 4，将 36 插入 4 之后的顺序表为 12，6，4，36，20，14，7，9，10，15。

具体内容如下：

（1）输入有 n 个整数的顺序表。
（2）输出顺序表的所有元素。
（3）查找顺序表的最大值和最小值。
（4）将最大值插到最小值之后。
（5）输出顺序表查找和插入之后的所有元素。

3. **数据结构设计**

本实践数据结构与 1.1.1 节介绍的顺序表的数据结构定义相同。

4. **实践方案**

在 1.1.1 节介绍的顺序表的输入、输出基础上，本实践采用一维数组存储需要查找的数据，用一重循环对一维数据进行扫描，找出最大值和最小值及其位置，再从最后那个元素至最小值，每个元素向后移动一个位置，在正确位置插入最大值。本题可以充分利用 1.1.1 节中介绍的顺序表的基本操作辅助实现。具体需要实现以下函数。

（1）顺序表的输入函数 Sqlist_Input (SqList &la, int m)

本函数功能与 1.1.1 节中介绍的顺序表的输入函数相同。

（2）顺序表的输出函数 Sqlist_Ouput (SqList la)

本函数功能与 1.1.1 节中介绍的顺序表的输出函数相同。

（3）顺序表的删除函数 Sqlist_Delete (SqList &la, int ps, int &x)

本函数功能与 1.1.1 节中介绍的顺序表的删除函数相同。

（4）顺序表的插入函数 Sqlist_Insert (SqList &la, int ps, int x)

本函数功能与 1.1.1 节中介绍的顺序表的插入函数相同。

（5）最大、最小值的查找函数 SearchMove (qltype &la, int &mi, int &ni)

本函数用于查找顺序表中的最大值和最小值。本函数的实现思路如下：对顺序表中的元素进行遍历,在遍历过程中通过打擂台的方法找到最大值和最小值,再在相应的位置进行插入和删除。

5. 参考代码

```
//最大值、最小值的查找函数
void SearchMove(qltype &la,int &mi,int &ni)
{
   int i,max,min;
   max=min=la.list[0];mi=ni=0;
   for(i=1;i<la.len;i++)
   {
      if (la.list[i]>max)
      {
         max=la.list[i];
         mi=i;
      }
      if (la.list[i]<min)
      {
         min=la.list[i];
         ni=i;
      }
   }
}
```

扫描二维码,查看完整程序代码。

扫码查看 1.2.2.cpp

6. 功能测试

顺序表的逆置操作功能测试结果如图 1-22 所示。

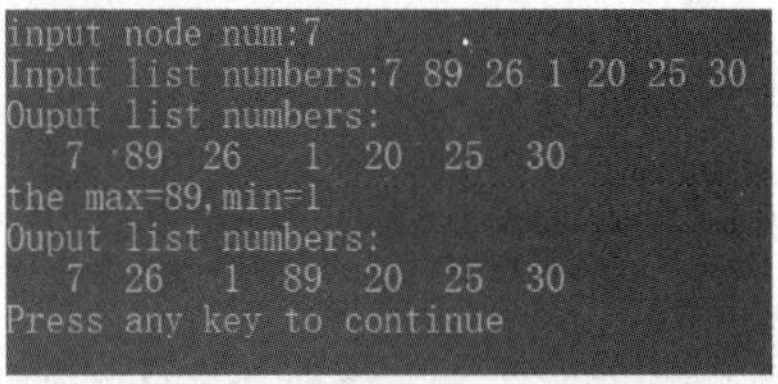

图 1-22　顺序表的逆置操作功能测试结果

1.2.3　单链表的逆置

1. 实践目的

(1) 能够正确创建单链表。
(2) 能够设计单链表逆置算法。
(3) 能够应用单链表的基本操作实现逆置。

2. 实践内容

在 1.1.2 节介绍的单链表的基本操作基础上,实现单链表的逆置算法。设有 n 个整数类型数据的线性链表,要求将其逆置,且不能建立新节点,只能通过表中已有节点的重新组合来完成。

具体内容如下:

(1)创建具有 n 个整数节点的单链表。

(2)输出原单链表。

(3)逆置单链表。

(4)输出逆置后的单链表。

例如,有 4 个节点的单链表如图 1-23 所示。

图 1-23 有 4 个节点的单链表

逆置后的单链表如图 1-24 所示。

图 1-24 逆置后的单链表

3. 数据结构设计

本实践数据结构设计与 1.1.2 节中介绍的相同。

4. 实践方案

具体需要实现如下函数。

(1)单链表的创建函数 Llist_Creat ( )

单链表的创建函数与 1.1.2 节中介绍的创建函数相同。

(2)单链表的输出函数 Llist_output (LinkList &list)

单链表的输出函数与 1.1.2 节中介绍的输出函数相同。

(3)单链表的逆置函数 Llist_Invers (LinkList &list)

逆置是本实践的重点。因为不能建立新节点,所以不能将元素重新存到另一个链表中。单链表的逆置操作可以采用类似头插法创建链表的方法,从原链表的表头解开(删除)第 1 个节点,用头插法将其插到新的链表中,再解开原链表的第 2 个节点,再用头插法将其插到新链表中,直到原链表为空,新链表也就生成了。假设指针指向表头 p=list,当 p 不为空时,重复执行 r=q;q=p;p=p->link;q->link=r,直到 p==NULL,再置 list=q,此过程如图 1-25 所示。

5. 参考代码

```
//单链表逆置函数
void Llist_Invers(LinkList &list)
{
   LinkList r,q,p=list;
   q=NULL;
   while(p)
   {
      r=q;
       q=p;
        p=p->link;
        q->link=r;
   }
   list=q;
}
```

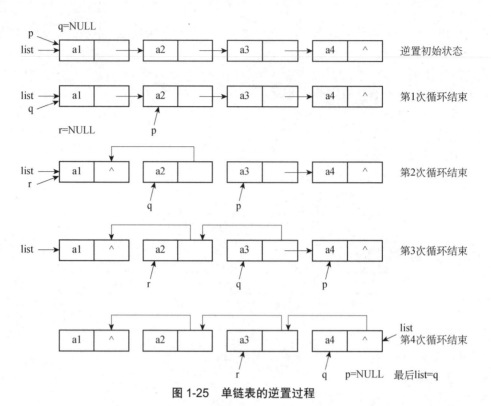

图 1-25 单链表的逆置过程

扫描二维码查看完整程序代码。

扫码查看 1.2.3.cpp

6. 功能测试

单链表的逆置操作功能测试结果如图 1-26 所示。

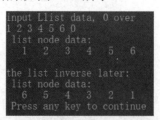

图 1-26 单链表的逆置操作功能测试结果

1.2.4 循环链表有序合并

1. 实践目的

（1）能够编写、创建循环链表算法。
（2）能够编写循环链表的输出算法。

（3）能够设计循环链表的合并算法。

2. 实践内容

在1.1.3节介绍的循环链表基本操作基础上，实现循环链表的合并算法。将两个升序循环链表合并为一个新的升序循环链表并返回，新链表是由通过拼接给定的两个链表的所有节点组成的。

具体内容如下：

（1）创建2个升序循环链表。

（2）输出原循环链表。

（3）合并循环链表。

（4）输出合并后的循环链表。

3. 数据结构设计

数据结构与1.1.3节介绍的数据结构相同。

4. 实践方案

具体需要实现如下函数。

（1）循环链表的创建函数 LinkList Llist_Creat2 ( )

循环链表的创建函数与1.1.3节中介绍的创建函数相同。

（2）循环链表的输出函数 Llist_output (LinkList &list)

循环链表的输出函数与1.1.3节中介绍的创建函数相同。

（3）循环链表的合并函数 Llist_merge (LinkList &list1, LinkList &list2)

本函数采用1.1.3节中介绍的创建循环链表函数创建两个有序的循环链表，分别用 la 和 lb 指针指向，假设 la 和 lb 的节点元素值都是从小到大排列的。合并循环链表 la 和 lb 的操作思路是先比较 la 和 lb 第1个节点元素值的大小，以较小值那个节点作为新链表的第1个节点，同时指针后移，再重复前面的工作，直到某链表为空，另外将一条链表余下的元素全部合并到新链表。为了操作方便，这里使用了带头节点的循环链表。合并前的2个升序循环链表如图1-27所示。

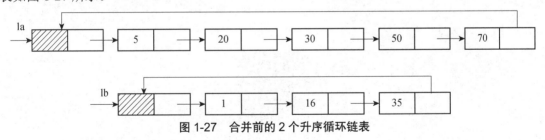

图1-27 合并前的2个升序循环链表

合并后的循环链表，如图1-28所示。

图1-28 合并后的循环链表

说明：本算法合并后链表的头节点用的是第一个节点较小的链表的头节点。

5. 参考代码

```
//输出链表
LinkList Llist_merge(LinkList &list1,LinkList &list2)
```

```c
{
    LinkList r, c,p=list1->link,q=list2->link;
    if (p->data<q->data)
        c=list1;
    else
        c=list2;
    r=c;
    while(p!=list1&&q!=list2)
    {
        if (p->data<q->data)
        {
            r->link=p;
            r=p;
            p=p->link;
        }
        else
        {
            r->link=q;
            r=q;
            q=q->link;
        }
    }
    while(p!=list1)
    {
        r->link=p;
        r=p;
        p=p->link;
    }
    while(q!=list2)
    {
        r->link=q;
        r=q;
        q=q->link;
    }
    r->link=c;
    return c;
}
```

扫描二维码查看完整程序代码。

扫码查看 1.2.4.cpp

6. 功能测试

2 个升序循环链表合并算法功能测试结果如图 1-29 所示。

1.2.5 节能减排查询系统*

1. 实践目的

（1）帮助学生了解气候变化给人类带来的挑战和我国应对气候变化的战略、措施和行动的深远意义，培养学生环境保护意识和为中华民族永续发展需担当的社会责任。

图 1-29 2 个升序循环链表合并算法功能测试结果

（2）能够正确分析节能减排查询系统中的关键问题和解决思路。
（3）能够根据节能减排查询系统操作要求和实现功能选择合适的存储结构。
（4）能够编写程序测试节能减排查询系统相关算法设计的正确性。

2. 实践背景

《党的二十大报告》指出：大自然是人类赖以生存发展的基本条件。尊重自然、顺应自然、保护自然，是全面建设社会主义现代化国家的内在要求。必须牢固树立和践行绿水青山就是金山银山的理念，站在人与自然和谐共生的高度谋划发展。

坚持人与自然和谐共生，生态文明建设是关系中华民族永续发展的根本大计。我们要推进美丽中国建设，坚持山水林田湖草沙一体化保护和系统治理，统筹产业结构调整、污染治理、生态保护、应对气候变化，协同推进降碳、减污、扩绿、增长，推进生态优先、节约集约、绿色低碳发展。

我国实施了一系列应对环境气候变化的战略、措施和行动，参与全球环境气候治理，应对气候变化取得了积极成效。削减煤炭消耗量和发展绿色交通是我国节能减排的两个重要举措，近年来，我国煤炭消耗量逐步下降和新能源汽车保有量稳步提升。经过长期坚持不懈的努力，特别是近十年来力度空前的大规模治理，以北京为例，北京市 PM2.5 在 2021 年首次达到国家二级标准，为 33 微克/立方米，取得了里程碑式突破。2022 年，又进一步降至 30 微克/立方米，与 2013 年相比，累计下降了近 60 微克/立方米，相当于平均每年下降 6 微克/立方米，"北京蓝"成为常态。联合国环境署表示，北京市在大气环境质量改善方面所做的努力为全球其他城市，尤其是发展中国家城市提供了值得借鉴的经验。表 1-1 是 2013—2022 年我国煤炭消耗量占比、新能源汽车保有量和北京年均 PM2.5 数据表[①]。可以看出，我国在节减排方面取得了重大成果，为全球气候治理做出了突出贡献。

表 1-1 2013—2022 年我国煤炭消耗量占比、新能源汽车保有量、北京年均 PM2.5 数据表

年份	新能源汽车保有量（万辆）	煤炭消耗量占比	北京年均 PM2.5（微克/立方米）
2013	1.821	67.40%	89.5
2014	9	65.80%	85.9
2015	58.32	63.80%	80.6
2016	91.28	62.20%	73
2017	153.4	60.6	58
2018	260.78	59%	51
2019	380.87	57.70%	42
2020	492.02	56.80%	38
2021	603	55.90%	33
2022	1310	56.20%	30

---

① "纪录小康工程"国家数据库，中国应对气候变化的政策与行动。

3. 实践内容

（1）编写程序实现节能减排查询系统，系统具体功能模块如图 1-30 所示。

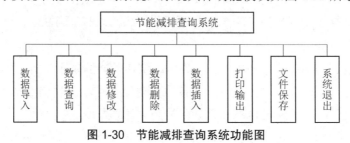

图 1-30　节能减排查询系统功能图

（2）要求通过年份进行数据的查询、修改、删除和插入操作，使用线性表顺序查找方法实现。

（3）分析节能减排查询系统中的关键要素及其操作，设计合适的数据存储结构和算法。

4. 数据结构设计

本实践要求通过年份进行数据的查询、修改、插入和删除操作，设计年份由长度为 4 位的整数组成，其存储结构描述如下：

```
typedef struct
{
    int year;              //年份
    float cars;            //新能源汽车保有量
    flaot coalconsum;      //煤炭消耗量占比
    Float pm;              //北京年均 PM2.5 数据
}EnergySave;               //存放节能相关数据
```

5. 实践方案

本实践是顺序表的综合应用，在 1.1.1 节和 1.2.2 节的基础上，增加了文件的读写和菜单操作的功能，具体包括如下函数。

（1）文件保存函数 Save_Energytable (Hlink head[], char fileName[])

本实践处理的数据较多，所以把节能表中的数据保存到指定文件中，方便程序读取。文件读写有以下几个关键操作：

① 定义文件指针。

② 打开文件。

③ 关闭文件。

（2）功能菜单函数 Menu ( )

本函数功能是显示节能减排查询系统的功能菜单，根据用户选择的功能，调用对应的函数实现相应功能。

（3）数据读入函数 Data_Read (EnergySave *eng, char filename[], int &n)

本函数功能是从指定文件中读入数据，供其他函数使用。

（4）打印输出函数 Print_Energytable (EnergySave *eng, int n)

本函数功能是完成数据输出，与 1.1.1 节中介绍的输出函数类似。

（5）数据查询函数 Data_Search (EnergySave *eng, int sy, int &n)

根据查询条件查找符合要求的数据，并输出查询结果。

（6）数据修改函数 Data_Modify (EnergySave *eng, int sy, char filename [], int &n)
根据修改条件修改数据，再调用保存文件函数保存修改后的数据到文件中。

（7）数据删除函数 Data_Delete (EnergySave *eng, int sy, char filename[], int &n)
根据删除条件删除数据，再调用保存文件函数保存删除后的数据到文件中。

（8）数据插入函数 Data_Insert (EnergySave *eng, int sy, char filename[], int &n)
根据插入条件插入数据，再调用保存文件函数保存插入后的数据到文件中。

6. 参考代码

```c
#define SIZE 15
typedef struct
{
    int year;                 //年份
    float cars;               //新能源汽车保有量
    float coalconsum;         //煤炭消耗量占比
    float pm ;                //存放北京PM2.5
}EnergySave;                  //存放节能相关数据

//保存数据到文件中
void Save_Energytable(EnergySave *eng,char fileName[],int n)
{
    int i;
    FILE *fp = NULL;
    if ((fp=fopen(fileName,"w"))==NULL)
    {
        printf(" 文件打开失败!");
        exit(0);
    }
    else                      //保存结果到磁盘.txt文本文件中
        for(i=0;i<n;i++)
        {
            fprintf(fp,"%d %f %f %f\n",eng[i].year,eng[i].cars,
                eng[i].coalconsum,eng[i].pm);
            printf("%d %f %f %f\n",eng[i].year,eng[i].cars,
                eng[i].coalconsum,eng[i].pm);
        }
        fclose(fp);           //关闭文件
    printf(" 文件保存成功!\n");
}

//节能减排查询系统菜单
int Menu()
{
    int key,flag=1;
    printf("\n -------------节能减排查询系统-------------\n");
    printf(" *                                          *\n");
    printf(" *       1:数据导入      2:数据查询       *\n");
    printf(" *       3:数据修改      4:数据删除       *\n");
    printf(" *       5:数据插入      6:打印输出       *\n");
    printf(" *       7:文件保存      0:系统退出       *\n");
    printf(" -------------------------------------------\n");
    printf(" 根据菜单提示进行输入：");
    while(flag)
    {
        scanf("%d",&key);
```

```c
            if(key>=0&&key<=7)
            {
                flag=0;
                return key;
            }
            else
                printf(" 菜单选择输入错误,请重新输入：");
    }
}

//读文件函数
void Data_Read(EnergySave *eng,char filename[],int &n)
{
    n=0;
    FILE *fp = NULL;
    if ((fp=fopen(filename,"r"))==NULL)
    {
        printf(" 文件打开失败,请确认文件路径!");
        exit(0);
    }
    else
    {
        printf(" 文件导入成功!\n");
        while(!feof(fp))
        {
            fscanf(fp,"%d %f %f %f\n",&eng[n].year,&eng[n].cars,&eng[n].coalconsum,&eng[n].pm );
            n++;
        }
        fclose(fp);              //关闭文件
    }
}

//打印输出
void Print_Energytable(EnergySave *eng,int n)
{
    int i;
    printf("   年份 新能源车(万辆) 煤炭占比 北京PM2.5 \n");
    for(i=0;i<n;i++)
    {
        printf("%6d%11.3f%12.3f%12.3f\n",eng[i].year,
           eng[i].cars,eng[i].coalconsum,eng[i].pm);
        printf("\n");
    }
}

//查找函数
void Data_Search(EnergySave *eng,int sy,int &n)
{
    int i;
    for(i=0;i<n;i++)
        if (sy<2013||sy>2022)
        {
            printf("查询年份有错\n"   );
            break;
        }
        else if (eng[i].year==sy)
            printf("%6d%11.3f%12.3f%12.3f\n",eng[i].year,
```

```c
        eng[i].cars,eng[i].coalconsum,eng[i].pm);
    printf("\n" );
}

//修改函数
void Data_Modify(EnergySave *eng,int sy,char filename[],int &n)
{
    int i;
    for(i=0;i<n;i++)
        if (sy<2013||sy>2022)
      {
            printf("修改数据年份有错\n" );
            break;
      }
      else if (eng[i].year==sy)
    {
         printf("请输入新的 cars coal pm 数据: ");
         scanf("%f%f%f",&eng[i].cars,
         &eng[i].coalconsum,&eng[i].pm);
      }
    printf("\n" );
    Save_Energytable(eng,filename,n);
}

//删除函数
void Data_Delete(EnergySave *eng,int sy,char filename[],int &n)
{
    int i,k;
    for(i=0;i<n;i++)
    if (sy<2013||sy>2022)
    {
        printf("删除数据年份有错\n" );
        break;
    }
    else if (eng[i].year==sy)
    {
        for(k=i;k<n-1;k++)
            eng[k]=eng[k+1];
    }
    printf("\n" );
    n--;
    Save_Energytable(eng,filename,n);
}

//插入函数
void Data_Insert(EnergySave *eng,int sy,char filename[],int &n)
{
    int i,k;
    for(i=0;i<n;i++)
    if (sy<2013||sy>2022)
    {
        printf("插入数据年份有错\n" );
        break;
    }
    else if (eng[i].year==sy)
    {
        for(k=n-1;k>i;k--)
        eng[k+1]=eng[k];
        printf("请输入插入年份的 year cars coal pm 数据: ");
```

```
            scanf("%d%f%f%f",&eng[i+1].year,&eng[i+1].cars,
                &eng[i+1].coalconsum,&eng[i+1].pm);
        }
        printf("\n"  );
        n++;
        Save_Energytable(eng,filename,n);
}
```

扫描二维码查看完整程序代码。

扫码查看 1.2.5.cpp

7. 功能测试

节能减排查询系统功能测试结果如图 1-31 至图 1-33 所示。

图 1-31 查询功能测试结果

图 1-32 输出功能测试结果

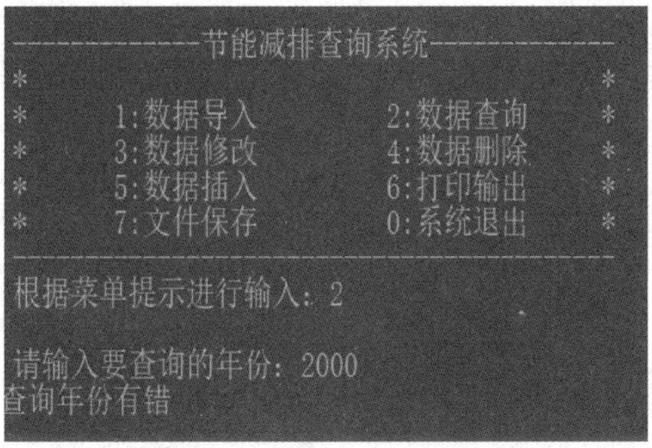

图 1-33 非法功能测试结果

1.3 竞赛进阶

1.3.1 寻找三位数

1. 实践内容【蓝桥杯 ADV-83】

将 1, 2, …, 9 共 9 个数分成三组, 分别组成 3 个三位数, 且使这 3 个三位数构成 1：2：3 的比例, 试求出所有满足条件的 3 个三位数。例如, 3 个三位数 192, 384, 576 满足以上条件。

2. 实践方案

由于所组成的数是三位数, 所以输入的数的范围是 0~999。由于 3 个数的比值为 1：2：3, 所以第一个数的范围为 0~333, 但是最小的三位数是 123, 所以第一个数的范围可缩小至 123~333。这其中有重复利用的数 333、332、331、330, 因此实际范围为 123~329, 所以从 123 开始遍历, 每个数都要出现一次, 创建一个数组用来记录数字的使用, 当使用了的时候标记为 1, 未使用则标记为 0, 最后进行判断是否满足要求, 然后输出。这道题的难点在于判断 9 个数字是否全部利用, 还有另外一种判断方法是判断这 9 个数字的相加和相乘是否相等, 也可以达到目的。

解决上述问题有多种解决方案, 下面介绍两种方案。3 个数的比值为 1：2：3, 先假设第 1 个数是 123, 则第 2 个数为第 1 个数乘以 2, 第 3 个数为第 1 个数乘以 3, 再求出 3 个三位数的每个数字, 用一个数组存放, 本题的难点在于如何判断 1~9 每个数字都被使用。

（1）方案一：查找函数 Search_Three1( )

设置一个数组用于存放 1~9 数字是否被使用, 如果被使用, 则给其相应位置数组元素置 1, 否则置 0, 结束后累加本数组。如果本数组的累加和等于 9 就成功, 否则失败。

（2）方案二：查找函数 Search_Three2( )

求出 3 个三位数的每个数字的累加和, 和每个数字的乘积, 再判断是否与 1~9 数字的累加和和乘积相等。如果相等, 则成功, 否则失败。

3. 参考代码

```
//查找函数方案一
void Search_Three1( )
{
```

```c
    int a, b, c, k;
    int s[9],t[10]={0},sum;
    for (a=123; a<329; a++)
    {
        sum=0;
        for(k=0; k<9; k++)
            s[k]=0;
        for(k= 0; k<9; k++)
            t[k]=0;
        b=2*a;
        c=3*a;
        s[0]=a/100;s[1]=a%100/10;s[2]=a%10;
        s[3]=b/100;s[4]=b%100/10;s[5]=b%10;
        s[6]=c/100;s[7]=c%100/10;s[8]=c%10;
        for(k=0; k<9 ; k++)
            t[s[k]]=1;
        for(k=1; k<10 ; k++)
            sum=sum+t[k];
        if(sum==9)
            printf("%5d%5d%5d\n",a,b,c);
    }
}

//查找函数方案二
void Search_Three2()
{
    int a, b,c, f,k;
    int n,q,s[9];
    for (a = 123; a < 329; a++)
    {
        for(k= 0; k<9 ; k++)
            s[k]=0;
        f=0;n=1;q=0; b=2*a; c=3*a;
        s[0]=a/100;s[1]= a%100/10;s[2]=a%10;
        s[3]=b/100;s[4]=b%100/10;s[5]=b%10;
        s[6]=c/100;s[7]=c%100/10;s[8]=c%10;
        for (k=0; k<9 ; k++)
        {
            n=n*s[k];
            q=q+s[k];
        }
        if(n==1*2*3*4*5*6*7*8*9&&q==1+2+3+4+5+6+7+8+9)
            printf("%5d%5d%5d\n",a,b,c);
    }
}
```

扫描二维码查看完整程序代码。

扫码查看 1.3.1.cpp

4. 功能测试

寻找三位数算法功能测试结果如图 1-34 所示。

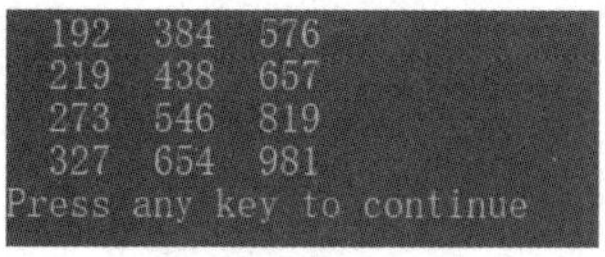

图 1-34 寻找三位数算法功能测试结果

1.3.2 复数求和

1. 实践内容【蓝桥杯 ADV-96】

从键盘读入 n 个复数（实部和虚部都为整数）并用链表存储，遍历链表求出 n 个复数的和并输出。

```
样例输入
3
3 4
5 2
1 3
样例输出
9+9i
```

2. 实践方案

定义一个结构体，包括 3 个成员，前两个成员分别存放复数的实部和虚部，第 3 个成员是指向下一个节点的指针，用单链表存放。对单链表从头到尾遍历，并求和输出。

数据结构设计如下：

```
typedef struct LNode
{
    Elemtype x;      //存放复数实部
    Elemtype y;      //存放复数虚部
    struct LNode *link;
}*LinkList;
```

具体需要实现以下函数。

（1）单链表的创建函数 Llist_Creat( )

本函数与 1.1.2 节中介绍的创建函数相同。

（2）单链表的输出函数 Llist_output(LinkList list)

本函数与 1.1.2 节中介绍的输出函数相同。

（3）链表节点相加函数 Llist_add(LinkList list)

遍历单链表，对单链表中每个节点的实数和虚数部分分别求和，判断实数和、虚数和是否为 0，根据判断结果输出计算结果。

3. 参考代码

```
//链表节点相加
void Llist_add(LinkList list)
{
    LinkList p=list;
    int a=0,b=0;
    printf(" list node data:\n");
    while(p)
    {
        a=a+p->x;
```

```
            b=b+p->y;
            p=p->link;
    }
    printf("the fushu add result:\n ");
    if(a!=0&&b!=0)
    {
        if (b<0)
            printf("%d%di",a,b);
        else
            printf("%d+%di",a,b);
    }
    else if(a!=0)
            printf("%d",a);
        else if(b!=0)
            printf("%di",b);
    printf("\n ");
}
```

扫描二维码查看完整程序代码。

扫码查看 1.3.2.cpp

4. 功能测试

复数求和算法功能测试结果如图 1-35 所示。

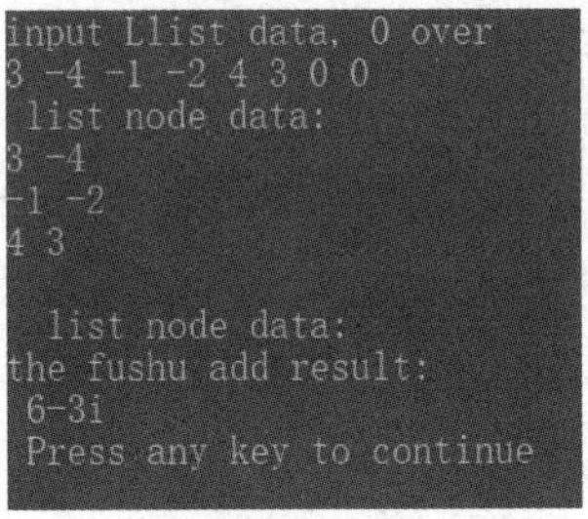

图 1-35 复数求和算法功能测试结果

1.4 考研进阶

1.4.1 删除单链表中值相等的节点

1. 实践内容【2017 年南昌大学研究生入学考试题】

删除单链表中值相等的节点。

2. 实践方案

先创建单链表,对单链表进行两重循环遍历,让第一个节点值与后续每个节点值进行比较，如果相等，则删除后面节点，否则继续。这里需要特别注意的一点是，如果被删除节点是单链表最后一个节点，则需要置空左侧节点的 link 域。

数据结构定义与 1.1.2 节相同，具体实现涉及以下函数。

（1）单链表的创建函数 Llist_Creat ( )

单链表的创建函数与 1.1.2 节中介绍的创建函数相同。

（2）单链表的输出函数 Llist_output (LinkList list)

单链表的输出函数与 1.1.2 节中介绍的输出函数相同。

（3）删除值相等节点函数 Deleterq (LinkList &L)

用 2 个指针一前一后查找值相等的元素，找到则进行删除操作，否则继续。

3. 参考代码

```cpp
//删除值相等节点函数
void Deleterq(LinkList &L)
{
    LinkList p=L;
    LinkList q,pre,t;
    while(p)
    {
        pre=p;
        q=p->link;
        while(q)
        {
            if(p->data!=q->data)
            {
                q=q->link;
                pre=pre->link;
            }
            else
            {
                t=q;
                q=q->link ;
                pre->link=q;
                free(t);
            }
        }
        p=p->link;
    }
}
```

扫描二维码查看完整程序代码。

扫码查看 1.4.1.cpp

4. 功能测试

删除单链表中值相等的节点算法功能测试结果如图 1-36 所示。

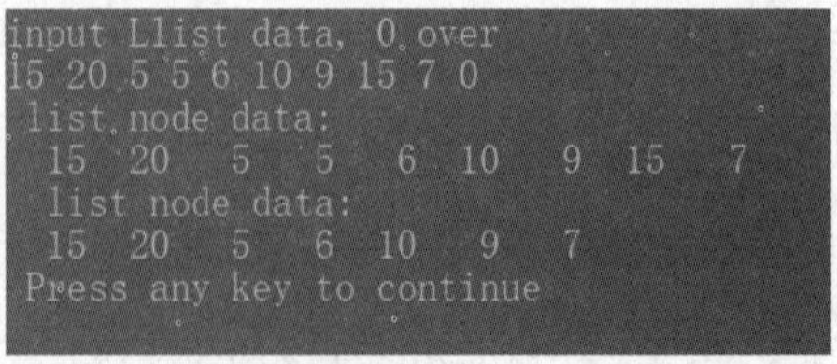

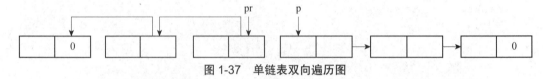

图 1-36 删除单链表中值相等的节点算法功能测试结果

1.4.2 单链表的双向遍历

1. 实践内容【2000 年清华大学研究生入学考试题】

从左到右及从右到左遍历一个单链表是可能的，其方法是在从左向右遍历的过程中将连接方向逆转，如图 1-37 所示。图中的指针 p 指向当前正在访问的节点，指针 pr 指向指针 p 所指节点的左侧的节点。此时，指针 p 所指节点左侧的所有节点的连接方向都已逆转，如图 1-37 所示。

图 1-37 单链表双向遍历图

（1）使用 C 语言编写一个算法，从任一给定位置（pr, p）开始，将指针 p 右移一个节点。如果 p 移出链表，则将 p 置为 NULL，并让 pr 停留在链表最右边的节点上。

（2）使用 C 语言编写一个算法，从任一给定位置（pr, p）开始，将指针 p 左移一个节点。如果 p 移出链表，则将 p 置为 NULL，并让 pr 停留在链表最左边的节点上。

2. 实践方案

先创建一个单链表，给定指针 p 和 pr 的起始位置，在从左向右遍历的过程中将连接方向逆转，即在 p 左边的链表已经逆转了，p 始终指向原链表剩余部分表头，逆转后的链表表头由 pr 指向。具体需要实现如下函数。

（1）单链表的创建函数 Llist_Creat ( )

单链表的创建函数与 1.1.2 节中介绍的创建函数相同。

（2）单链表的输出函数 Llist_output (LinkList list)

单链表的输出函数与 1.1.2 节中介绍的输出函数相同。

（3）单链表向右移动一个节点函数 MoveRight (LinkList &p, LinkList &pr)

实现单链表向右移动一个节点，同时删除该节点，并将该节点插入左边的逆向单链表中。

（4）单链表向左移动一个节点函数 MoveLeft (LinkList &p, LinkList &pr)

实现单链表向左移动一个节点，同时删除该节点，并将该节点插入右边的单链表中。

3. 参考代码

```
//单链表向右移动一个节点函数
oid MoveRight(LinkList &p, LinkList &pr)
{
    if (p->link==NULL)
        p=NULL;
```

```
        else
        {
            LinkList q= p->link; p->link = pr;
            pr=p;
            p=q;
            printf("pr data %d,p data %d\n",pr->data,p->data);
        }
}

//单链表向左移动一个节点函数
void MoveLeft(LinkList &p,LinkList &pr)
{
    if (pr->link==NULL)
        p=NULL;
    else
    {
        LinkList q=pr->link;
        pr->link = p;
        p=pr;
        pr=q;
        printf("pr data %d,p data %d\n",pr->data,p->data);
    }
}
```

扫描二维码查看完整程序代码。

扫码查看 1.4.2.cpp

4. 功能测试

单链表的双向遍历算法功能测试结果如图 1-38 所示。

图 1-38 单链表的双向遍历算法功能测试结果

第2章 栈与队列

2.1 基础实践

2.1.1 顺序栈的基本操作

1. 实践目的

（1）理解顺序栈的基本概念及逻辑结构。
（2）掌握顺序栈的存取方式。
（3）能够编写顺序栈的入栈、出栈及判断栈满、栈空算法。

2. 实践内容

（1）实现顺序栈的初始化操作。
（2）实现顺序栈的入栈操作。
（3）实现顺序栈的出栈操作。
（4）实现顺序栈的判断栈空操作。
（5）实现顺序栈的判断栈满操作。
（6）实现取栈顶元素操作。

3. 数据结构设计

栈是操作受限的线性表，是限定仅在表尾进行插入或删除操作的线性表。因此，对栈来说，表尾端有其特殊含义，称为栈顶（top），相应地，表头端称为栈底（base）。

栈又称为后进先出（Last In First Out）的线性表，简称 LIFO 结构，因为它的修改是按后进先出的原则进行的，栈的结构特征如图 2-1 所示。

在 C 语言中，顺序表栈简单有效的存储方式是数组，定义一个顺序栈结构体，其成员包含一个栈顶指针和一个栈底指针，数组用来存放表元素，栈结构体定义如下。

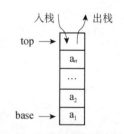

图 2-1 栈的结构特征图

```
#define Stack_Size  100 //栈的初始大小
typedef int SElemtype;
typedef struct
{
    SElemtype *base;
    SElemtype *top;
    int sksize;
}SqStack;
```

4. 实践方案

对声明为 SqStack 类型的栈 s，实现各类操作之前，需要明确以下几个关键问题。

（1）判断顺序栈为空的条件是 s.top==s.base。

（2）判断顺序栈满的条件是 s.top-s.base>=s.sksize。

（3）栈的当前实际长度为 s.top-s.base。

（4）栈顶指针 s.top 指向栈顶元素存储单元的下一个存储单元位置，所以取栈顶元素的值的语句为*(s.top-1)。

在理解上述问题后，顺序栈的基本操作实现方法分析如下。

（1）栈初始化函数 InitStack (SqStack &s)

先用 malloc 函数分配常量 Stack_Size 预定义值大小的数组空间，如果空间分配失败，则结束该操作；如果空间分配成功，则将 s.top 和 s.sksize 赋上相应值，使其形成一个空栈。

（2）顺序栈入栈函数 S_Push (SqStack &s, SElemtype x)

根据栈的操作特性，入栈操作只能在栈顶位置进行。其操作的要求是将数据元素 x 插入顺序栈 s，使其成为新的栈顶元素。实现步骤主要归纳如下。

① 判断顺序栈是否已满，若不满，则转②；若已满，则用 realloc 函数对栈空间进行扩充，扩充成功后再转②。

注意：存储空间扩充成功后，s.base 要指向新的存储空间首地址，s.top 和 s.sksize 值也需要同步修改。

② 将新的数据元素 x 存入 s.top 所指向的存储单元。

③ 将栈顶指针后移一位。

（3）顺序栈出栈函数 S_Pop (SqStack &s, SElemtype &x)

出栈操作的要求是将栈顶元素从栈 s 中移出，并用 x 返回被移出的栈顶元素值，实现步骤主要归纳如下。

① 判断顺序栈是否为空，若为空，则结束算法，否则转②。

② 将 s.top 前移一位，使其指向当前栈顶元素。

③ 用 x 返回 s.top 当前指向的栈顶元素的值。

（4）取顺序栈顶元素函数 GetTop (SqStack &s, SElemtype &x)

这步操作与上述出栈操作类似，区别是获取元素后，其栈顶指针 s.top 不需要移位，其他步骤相同。

5. 参考代码

```
#include<stdio.h>
#include<malloc.h>
#define Stack_Size  100  //栈的初始大小
#define SInCrement 10
typedef int SElemtype;
typedef struct
{
    SElemtype *base;
    SElemtype *top;
    int sksize;
}SqStack;
```

```c
//顺序栈初始化函数
int InitStack(SqStack &s)
{
    s.base=(SElemtype *)malloc(Stack_Size*sizeof( SElemtype));
    if(!s.base)
    {
        printf("OVERFLOW\n");
        return 0;
    }  //存储空间分配失败
    s.top=s.base;
    s.sksize=Stack_Size;
    return 1;    //存储空间分配成功
}

//入栈函数
int S_Push(SqStack &s, SElemtype x)
{
    if((s.top-s.base)>=s.sksize) //当前存储空间满，扩充空间
    {
        s.base=(SElemtype*)malloc((s.sksize+SInCrement)*sizeof
        (SElemtype));
        if(!s.base)
        {
            printf("ERROR\n");
            return 0;
        }//存储空间分配失败
        s.top=s.base+s.sksize;
        s.sksize=s.sksize+SInCrement;
    }
    *(s.top)++=x;   //x进栈后，栈顶指针后移一位
    return 1;
}

//出栈函数
int S_Pop(SqStack &s, SElemtype &x)
{
    if(s.base==s.top)   //栈空判断
    {
        printf("Stack NULL\n");
        return 0;
    }
    x=*--s.top;    //栈顶元素出栈，用x返回其值
    return 1;
}

//取栈顶元素，用x返回值
int GetTop(SqStack &s, SElemtype &x)
{
    if(s.base==s.top)//栈空判断
    {
        printf("Stack NULL\n");
        return 0;
    }
    x=*(s.top-1);  //获取栈顶元素用x返回其值，栈顶指针不变
    return 1;
}

void main()
```

```
    {
        SqStack sq;
        int i,n,e;
        printf("input stak len:\n");
        scanf("%d",&n);
        InitStack(sq);
        printf("input in stack data:\n");
        for(i=1;i<=n;i++)
    {
        scanf("%d",&e);
        S_Push(sq,e);
    }
    GetTop(sq,e);
    printf("the stack top data:\n");
    printf("%3d\n",e);
    printf("out stack data:\n");
    for(i=1;i<=n;i++)
    {
        S_Pop(sq, e);
        printf("%3d",e);
    }
    printf("\n");
}
```

6. **功能测试**

顺序栈进栈、取栈顶元素、出栈功能测试结果如图 2-2 所示。

```
input stak len:
6
input in stack data:
10 15 30 50 20 25
the stack top data:
 25
out stack data:
 25 20 50 30 15 10
Press any key to continue
```

图 2-2　顺序栈进栈、取栈顶元素、出栈功能测试结果

2.1.2　链栈的基本操作

1. **实践目的**

（1）理解链栈的基本概念、结构的定义。

（2）掌握链栈的存取方式。

（3）能够编写链栈的入栈、出栈、栈空算法。

2. **实践内容**

（1）实现链栈的初始化操作。

（2）实现链栈的入栈操作。

（3）实现链栈的出栈操作。

（4）实现链栈的判断栈空操作。

（5）实现链栈的判断栈满操作。

（6）实现链栈的取栈顶元素操作。

3. 数据结构设计

可以采用链表的存储结构来实现栈中元素的存储，本实践采用不带头节点的单链表存储栈的元素，存储结构如图 2-3 所示。

图 2-3　链栈的存储结构

在 C 语言中，链栈的存储方式是链表，定义一个链栈结构体，其成员包含一个元素值域和一个指向下一个元素的指针，链栈结构体定义如下。

```
Typedef int SElemtype
typedef struct
{
    SElemtype v;
    SElemtype *next;
}Snode,*Lstack;
```

4. 实践方案

这里的入栈、出栈、取栈顶元素等操作与单链表的操作类似，区别是所有操作都只能在栈顶进行，在进行这些操作之前需要判断栈是否为空，栈空的条件是栈顶指针为 NULL。具体实现以下函数。

（1）链栈的入栈函数 L_Push (Lstack &s, SElemtype x)

在链栈 s 中插入新的元素 x，使其成为新的栈顶元素。

（2）链栈的出栈函数 L_Pop (Lstack &s, SElemtype &x)

在链栈 s 中删除栈顶元素，元素值存放在变量 x 中。

（3）链栈的判空函数 StackEmpty (Lstack s)

判断链栈 s 是否为空栈，如果为空栈，则返回 TRUE，否则返回 FALSE。

5. 参考代码

```c
#include<stdio.h>
#include<malloc.h>
#define NULL 0
typedef int SElemtype;
typedef struct Snode
{
    SElemtype v;
    struct Snode *next;
}Snode,*Lstack;

//入栈函数
int L_Push(Lstack &s, SElemtype x)
{
    Lstack p=(Lstack)malloc(sizeof(Snode)) ;//为新节点 P 分配空间
    if(!p)
        return 0;//空间分配失败
    p->v=x;   //修改链，让新节点插入链栈的栈顶
    p->next=s; //使新节点成为新的栈顶节点
    s=p;
    return 1;
}
```

```c
//出栈函数
int L_Pop(Lstack &s, SElemtype &x)
{
    Lstack p=s;
    if(s==NULL)//如果栈空
    {
        printf("The Stack is NULL\n");
        return 0;
    }
    x=p->v;
    s=p->next;
    free(p);
    return 1;
}

//判断栈s是否为空函数
int StackEmpty(Lstack s)
{
    if(s==NULL)
        return 1;
    else
        return 0;
}

//输出栈中元素函数
int Print_stack(Lstack s)
{
    Lstack p=s;
    if(s==NULL)//如果栈空
    {
        printf("The Stack is SULL\n");
        return 0;
    }
    printf("栈顶到栈底:");
    while(p)
    {
        printf("%4d",p->v);
        p=p->next;
    }
    printf("\n");
    return 1;
}

void main()
{
    Lstack slink=NULL;//定义一个空栈s
    int i,n;
    SElemtype e,x;
    printf("请输入链栈长度:");//输入链栈s长度n
    scanf("%d", &n);
    printf("请输入链栈中各节点值:");
    for(i=1;i<=n;i++)//输入n个元素的值，依次压入初始为空的链栈
    {
        scanf("%d",&x);
        L_Push(slink,x);
    }
    printf("\n");
    Print_stack(slink);
```

```
     printf("\n");
     L_Pop(slink,x);
     printf("出栈元素 x:%d\n",x);
}
```

6. 功能测试

链栈的入栈、出栈、判断栈空、输出栈中元素等操作测试结果如图 2-4 所示。

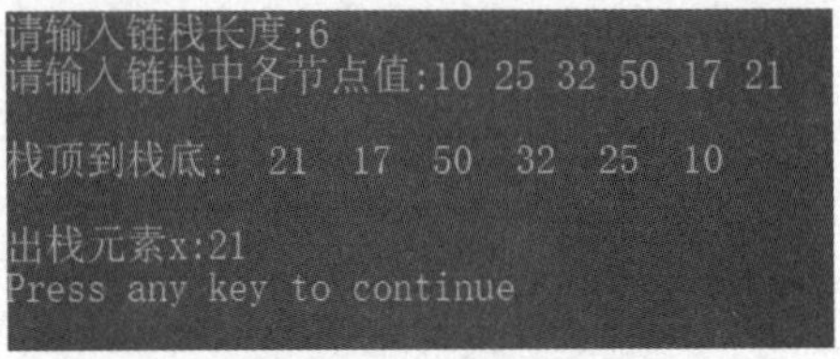

```
请输入链栈长度:6
请输入链栈中各节点值:10 25 32 50 17 21

栈顶到栈底： 21  17  50  32  25  10

出栈元素x:21
Press any key to continue
```

图 2-4 链栈的入栈、出栈、判断栈空、输出栈中元素等操作测试结果

2.1.3 循环队列的基本操作

1. 实践目的

（1）理解循环队列的基本概念及逻辑结构。
（2）掌握循环队列的存取方式。
（3）能够编写循环队列的入队、出队、判断队空、队满算法。

2. 实践内容

（1）实现循环队列的初始化操作。
（2）实现循环队列的入队操作。
（3）实现循环队列的出队操作。
（4）实现循环队列的判断队空操作。
（5）实现循环队列的判断队满操作。

3. 数据结构设计

循环队列的顺序存储结构与 1.1.1 节中介绍的顺序表存储结构类似，另外，增加分别指向队头和队尾的 2 个指针。

循环队列的存储结构描述如下。

```
typedef struct
{
    QElemtype *base;   //队列存储空间的基地址
    int front;         //队头指针
    int rear;          //队尾指针
}SqQueue;
```

4. 实践方案

队列是操作受限的线性表，是只允许仅在表的一端进行插入，而在另一端进行删除操作的线性表。在队列中，允许插入的一端称为队尾（rear），允许删除的一端称为对头（front）；队列又称为先进先出（First In First Out）的线性表。

线性队列的操作存在假溢出情况，较好地解决假溢出的做法通常考虑把线性队列构成一个环形，即在初始化队列时令 front=rear=0，并且把队列设想成头尾相连的循环表，使得空间可以重复使用,这种队列称为循环队列,如图 2-5 所示。

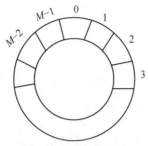

图 2-5 循环队列图

当然,这也会带来其他需要处理的问题。由于队列存储空间的上下界分别为 0 和 $M-1$,因此在算法中利用数学中的求模运算,会使循环队列的操作变得更加简单容易。在进行插入操作时,队列的第 M 个位置(数组下标为 $M-1$)被占用以后,只要队列前面还有可用空间,新元素加入队列时就可以从第 1 个位置(数组下标为 0)开始,循环队列队满和队空的条件都是 Q.front==Q.rear。为了区分队满和队空,通常采用少使用一个存储单元的方法,即假设队长是 6,存放了 5 个元素就认为队满了,这样就可以较好地解决上述问题。因此,在进行循环队列操作时,需要明确如下关键问题。

① 循环顺序队列判空的条件是 Q.front==Q.rear。
② 循环顺序队列判满的条件是 Q.front==(Q.rear+1)%QMaxlen。
③ 队列的当前实际长度为(Q.rear−Q.front+QMaxlen)%QMaxlen。
④ 在入队和出队操作中,Q.front 和 Q.rear 指针后移不是简单地加 1,因为逻辑上首尾相连,所以加 1 后需要进行取余运算,如(Q.front+1)%QMaxlen。
⑤ 在循环顺序队列的输出中,引入临时变量 i,并赋值为 Q.front,在输出队首元素后,i 向后移动,加 1 后也需要进行取余运算,语句为 $i=(i+1)$%QMaxlen。

循环队列基本操作实现如下。

(1)循环顺序队列的初始化函数 InitQueue (SqQueue &Q)

本函数实现一个空循环队列的创建,用 malloc 函数分配循环顺序队列 QMaxlen 指定大小的数组空间,如果数组空间分配失败,则结束该操作;如果数组空间分配成功,则将 Q.front 和 Q.rear 分别赋值为 0,使其形成一个空队列。

(2)循环顺序队列的入队函数 InQueue (SqQueue &Q, QElemtype e)

本函数实现在循环队列 Q 中插入新元素 e,使其成为新的队尾元素。根据队列的操作特性,入队操作只能在队尾进行。入队操作的要求是将数据元素 e 插到循环顺序队列的队尾,使其成为新的队尾元素,主要实现步骤如下:先判断循环顺序队列是否已满,若已满,则入队失败,否则将新数据元素 e 存入 Q.rear 所指向的存储单元,使其成为新队尾元素,再使 Q.rear 值加 1 后求余,使其指向队尾元素的下一个存储位置。

(3)循环顺序队列的出队函数 DeQueue (SqQueue &Q, QElemtype &e)

本函数实现在循环队列 Q 中删除队首元素,并用 e 返回其值。根据队列的操作特性,出队操作只能在队头进行,首先判断队列是否为空,如果为空,则出队失败,否则执行出队操作,即先读取队头元素,再让 Q.front 加 1 取余。

（4）队列元素的输出 Print_Queue (SqQueue &Q)

从队首到队尾，依次输出循环队列中各数据元素的值。

5. 参考代码

```c
#include<stdio.h>
#include<malloc.h>
#define QMaxlen 100    //队列最大存储容量
typedef int QElemtype;
typedef struct
{
    QElemtype *base;    //队列存储空间的基地址
    int front;          //队首指针
    int rear;           //队尾指针
}SqQueue;

//创建一个空的循环队列Q
int InitQueue(SqQueue &Q)
{
    Q.base=(QElemtype* )malloc(QMaxlen*sizeof( QElemtype));
    if(!Q.base)
        return 0;//如果空间分配失败
    Q.front=Q.rear=0;
    return 1;
}

//循环队列入队函数
int InQueue(SqQueue &Q, QElemtype e)
{
    if((Q.rear+1)%QMaxlen==Q.front)
        return 0;
    Q.base[Q.rear]=e;
    Q.rear=(Q.rear+1)%QMaxlen;
    return 1;
}

//循环队列出队函数
int DeQueue(SqQueue &Q, QElemtype &e)
{
    if(Q.rear== Q.front)
        return 0;
    e=Q.base[Q.front];
    Q.front=(Q.front +1)%QMaxlen;
    return 1;
}

//输出循环队列中数据元素
void Print_Queue(SqQueue &Q)
{
    int i;
    printf("\n");
    for(i=Q.front;i!=Q.rear;i=(i+1)%QMaxlen)
        printf(" %3d",Q.base[i]);
    printf("\n");
}

void main()
{
```

```
    SqQueue q;
    QElemtype x,k;
    int i,m;
    InitQueue(q);
    printf("input queue len:");
    scanf("%d",&m);
    printf("input to queue data:");
    for(i=1 ;i<=m; i++)
    {
        scanf("%d",&x);
        InQueue(q,x);
    }
    Print_Queue(q);
    DeQueue(q, x);
    printf("delete queue data is %d\n",x);
    printf("delete later queue data is :");
    Print_Queue(q);
}
```

6. 功能测试

循环队列的入队、出队、输出等功能测试结果如图 2-6 所示。

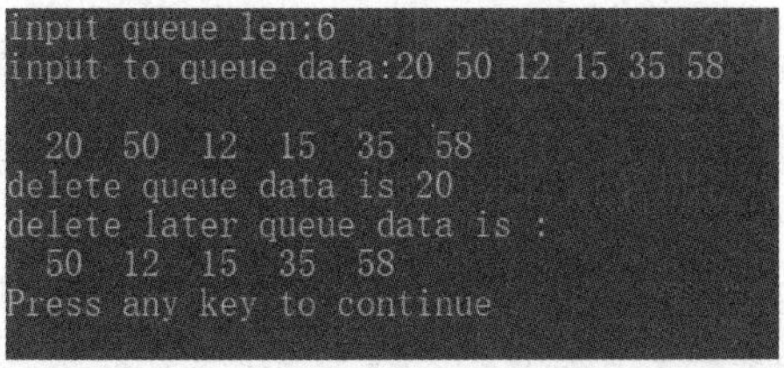

图 2-6 循环队列的入队、出队、输出等功能测试结果

2.1.4 链队的基本操作

1. 实践目的

(1) 理解链队的基本概念及逻辑结构。

(2) 掌握链队的存取方式。

(3) 能够编写链队的入队、出队、判断队空等算法。

2. 实践内容

(1) 实现链队的初始化操作。

(2) 实现链队的入队操作。

(3) 实现链队的出队操作。

(4) 实现链队的判断队空操作。

(5) 实现链队的输出队列元素操作。

3. 数据结构设计

了解链队的概念、特性，能够正确描述链队的链式存储结构在计算机中的表示，链队的存储结构与链表的存储结构类似。

链队的存储结构描述如下：

```
typedef int QElemtype;
typedef struct QNode      //链队节点类型
```

```
{
    QElemtype data;
    struct QNode *link;
}QNode,*QLink;
```

4. 功能实现

链队的链式存储结构是用一个线性链表表示一个队列，队列中每一个元素对应链表中的一个链节点，这样的队列简称链式队列。具体地说，把线性链表第 1 个链节点的指针定义为队头指针 front，在链表最后的链节点建立指针 rear 并作为队尾指针，并且限定只能在链头进行删除操作，在链尾进行插入操作，这个线性链表就构成了一个链式队列，如图 2-7 所示。

图 2-7 链队的链式存储结构

在链队中插入一个元素就是在链表的表尾链节点后添加一个新链节点；而删除一个元素的操作就是删除链表的第一个链节点，也就是说，链队的操作就是线性链表的插入和删除操作的特殊情况，只需修改头指针或者尾指针。

将链队设计成一个不带头节点的单链表，当链队为空时，队首指针和队尾指针均指向头空。因此，链队判空的条件为 Q.front=Q.rear=NULL。

本节主要实现如下功能。

（1）链队初始化函数 InitQLink (QLink &front, QLink &rear)

需要给队首指针和队尾指针置空，即 Q.front=Q.rear=NULL。

（2）链队入队函数 AddQLink (QLink &front, QLink &rear, QElemtype item)

在链队中插入一个元素时，需要修改尾指针 rear。先申请一个节点空间，放置需插入的元素，再判断当前队列是否为空，如果为空，则将表头指针和表尾指针都指向该节点；如果不为空，则将该节点插入在表尾。

（3）链队出队函数 DelQLink (QLink &front, QElemtype &item)

在链队中删除一个元素就是删除链表的表头节点，需要修改头指针 front。先判断当前队列是否为空，如果为空，则删除失败；如果不为空，则删除表头节点。

5. 参考代码

```
#include<stdio.h>
#include<malloc.h>
typedef int QElemtype;
#define NULL 0
typedef struct QNode    //链队节点类型
{
    QElemtype data;
    struct QNode *link;
}QNode,*QLink;
#define LEN sizeof(QNode)

//链队初始化函数
void InitQLink(QLink &front,QLink &rear)
{
    front=rear=NULL;
}
```

```
// 链队入队函数
int AddQLink(QLink &front,QLink &rear,QElemtype item)
{
    QLink p;
    if(!(p=(QLink)malloc(LEN)))   //申请一个链节点空间
        return 0;                  //申请节点失败,返回0
    p->data=item;                  //将item存入新节点
    p->link= NULL;                 //将新节点的指针域置空
    if(front==NULL)                //将item插入空队的情况
        front=p;
    else                           //将item插入非空队的情况
        rear->link=p;              //将p送队尾节点的指针域
    rear=p;                        //修改队尾指针rear的指向
    return 1;
}

// 链队出队函数
int DelQLink(QLink &front,QElemtype &item)
{
    QLink p;
    if( front==NULL )
        return 0;
    p=front;
    item=p->data;
    front=p->link;
    free(p);
    return 1;
}

void main()
{
    QLink f,r;
    int i,n,x,e;
    InitQLink(f,r) ;
    printf("input add queue len:");
    scanf("%d",&n);
    for(i=1;i<=n;i++)
    {
        scanf("%d",&x);
        AddQLink(f,r,x);
    }
    printf("del data all:\n");
    while(f)
    {
        DelQLink(f,e);
        printf("%4d",e);
    }
    printf("\n");
}
```

6. 功能测试

链队入队、出队、输出测试结果如图2-8所示。

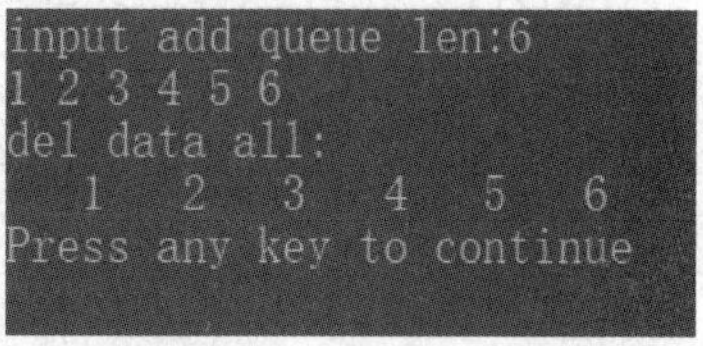

```
input add queue len:6
1 2 3 4 5 6
del data all:
   1   2   3   4   5   6
Press any key to continue
```

图2-8 链队入队、出队、输出测试结果

2.2 基础进阶

2.2.1 数制转换

1. 实践目的

（1）能够编写栈的入栈、出栈、判断栈空等算法。
（2）能够设计将十进制整数转换成任意进制数据的算法。
（3）能够编写程序测试（2）中设计算法的正确性。

2. 实践内容

在 2.1.1 节中介绍的顺序栈基本操作的基础上，实现十进制数与任意进制数（2～16 之间进制）之间的数制转换。

具体内容如下：

（1）建立一个堆栈并初始化。
（2）输入一个整数 N 和需要转换的进制 d。
（3）将 N 除以 d 的余数不断进栈。
（4）余数为 0 时出栈。

3. 数据结构设计

数据结构与 2.1.1 节中介绍的数据结构相同。

4. 实践方案

在 2.1.1 节中介绍的顺序栈基本操作的基础上，实现一个十进制数转换成任意进制的算法。算法思路是通过自身除以对应进制的余数，直到商为 0。将所有余数逆序（即将最先得到的余数放最后面）排列，得到的结果为所得相应进制数。这一特性与栈操作极其类似，所以用栈来实现。用到的方法为：先辗转相除，再取余数入栈，最后再出栈。

主要实现以下函数。

（1）堆栈初始化函数 InitStack (SqStack &s)

本函数实现堆栈空间申请和置空，与 2.1.1 节中介绍的函数类似。

（2）入栈函数 Push (SqStack S, SElemType e)

本函数实现将元素 e 入栈，与 2.1.1 节中介绍的函数类似。

（3）出栈函数 Pop (SqStack S, SElemType *e)

实现将栈顶元素出栈，与 2.1.1 中介绍的函数类似。

（4）数制转换函数 Number_Conversion (SqStack S, int N, int d)

数制转换函数采用循环方式实现辗转相除，用整数 N 除以进制 d，余数进栈，用商代替 N，重复前面过程，直到 N 为 0；再依次出栈，输出出栈数据即为转换结果。输出数据时，当转换的进制在 11～16 之间时，余数在 10～15 之间的数据用 A～F 代替，这里需要再做一个转换。例如，26 转换成 16 进制时，商为 1，余数 10，这时要将 10 转换成 A，这里巧妙地用余数加上 55 生成对应字符的 ASCⅡ 码再输出。

5. 参考代码

```
//数制转换函数
void Number_Conversion(SqStack S,int N,int d)
{
    int e;
    while(N)        //只有当需要转进制的数合法时，才执行循环语句
    {
        S=Push(S,N%d);    //辗转相除，取余数入栈
        N=N/d;
    }
    printf("转换结果：");
    while(!(S.top==S.base))  //栈非空
    {
        S=Pop(S,&e);    //出栈
        if(d<=10)
        printf("%d",e);
        else
        {
            if(e<=9)
                printf("%d",e);
            else
                printf("%c",e+55);  //实现大于9的数字转换
        }
    }
    printf("\n");
}
```

扫描二维码查看完整程序代码。

扫码查看 2.2.1.cpp

6. 功能测试

任意十进制数转换成任意进制数据测试结果如图 2-9 至图 2-12 所示。

图 2-9　十进制数转二进制数

图 2-10　十进制数转八进制数

图 2-11　十进制数转十六进制数

图 2-12　十进制数转五进制数

2.2.2　模拟学生食堂排队*

1. 实践目的

（1）培养学生遵守规章制度、自洁自律的职业道德。

（2）培养学生践行社会主义核心价值观。

（3）能够正确分析模拟学生食堂排队要解决的关键问题。

（4）能够根据模拟学生食堂排队操作要求和实现功能选择合适的存储结构。

（5）能够编写程序测试模拟学生食堂排队相关算法设计的正确性。

2. 实践背景

食堂在高校中的地位十分重要，关系着众多师生的身心健康、学校的正常教学秩序和社会稳定。学生食堂是学生生活的重要场所，也是学校精神文明建设的重要窗口。由于学生人数众多，用餐时间集中，如果没有好的管理和就餐纪律，就容易引发食堂内部的乱象，导致在食堂等候就餐耗时、耗力。因此，以推动文明就餐、加强就餐秩序的管理为目的，学校对学生食堂建立了排队就餐的管理制度，排队就餐的理念是"先到先服务"，分类设立不同的服务窗口，避免拥挤，以道德教育为中心，培养学生文明就餐，自觉维护食堂秩序和公共卫生，做到有序用餐、文明用餐，养成良好习惯。

3. 实践内容

在 2.1.3 节和 2.1.4 节中介绍的循环链队的基础上，实现模拟学生食堂排队算法。学生食堂就餐排队大概流程包括：到达->排队->出队，可以设置多个队列，给每个队列编号，就餐学生也按顺序编号，入队之前先查找目前队列中最少的队并进行入队；出队操作则按先到先出的原则进行。

具体内容如下：

（1）创建 3 个队列并初始化。

（2）就餐学生依次入队。

（3）取完餐学生依次出队。

（4）输出各队列的排队的人数。

可以用流程图（见图 2-13、图 2-14）表示入队和出队过程。

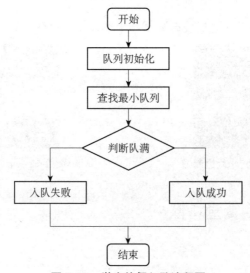

图 2-13 学生就餐入队流程图

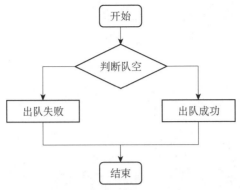

图 2-14 学生就餐出队流程图

4. 数据结构设计

假设学生食堂设置了 3 个队列，学生排队要求按顺序依次入队，设计队列存储结构描述如下：

```
typedef struct node
{
    int data;//每个节点中存放的数据
    PNode next;//下一节点
}Node;
typedef struct queue
{
    PNode head;//队头
    PNode tail;//队尾
    int Length;//队列长度
}Queue;
```

5. 实践方案

本实践在 2.1.4 节中介绍的链队基本操作的基础上，综合应用菜单的形式实现各个功能的调用，下面用到的各个函数与 2.1.4 节中的对应函数相似。

（1）队列初始化函数 Queue *GetQueue ( )

返回创建的新空队列功能。

（2）功能菜单函数 Menu ( )功能

显示学生排队模拟系统的功能菜单。

（3）判断队空函数 notEmpty (Queue *Q)功能

出队前需要判断队列是否为空。

（4）入队函数 EnQueue (Queue *Q,int x)功能

完成数据元素 x 入队。

（5）出队函数 DeQueue (Queue *Q,int *x)

完成出队操作，出队元素通过 x 带回。

（6）销毁队列函数 DestroyQueue (Queue *Q)

将队列出队直到队列为空，并销毁队列。

（7）输出队列函数 print_queue (Q1)

将队列中元素输出，不改变队列。

（8）菜单函数 Choose_Menu( )
根据用户选择菜单的功能调用相应的函数实现对应功能。

6. 参考代码

```c
//食堂查询系统功能菜单
int Menu()
{
    int key,flag=1;
    printf("\n -------------学生食堂排队模拟-------------\n");
    printf(" *                                            *\n");
    printf(" *      1:初始化队列       2:判断队空      *\n");
    printf(" *      3:入队             4:出队          *\n");
    printf(" *      5:输出队列         0:系统退出      *\n");
    printf(" ----------------------------------------------\n");
    printf(" 根据菜单提示进行输入：");
    while(flag)
    {
        scanf("%d",&key);
        if(key>=0&&key<=5)
        {
            flag=0;
            return key;
        }
        else
            printf(" 菜单选择输入错误，请重新输入：");
    }
}

//菜单调用
int Choose_Menu()
{
    int x, m,flag=1;
    Queue *Q1,*Q2,*Q3,*Q;
    while(flag)
    {
        m=Menu();  //读取键盘的输入
        switch(m)
        {
            case 1:
                Q1=GetQueue();
                Q2=GetQueue();
                Q3=GetQueue();
                break;
            case 2:
                if(notEmpty(Q1))
                    printf("Q1 非空\n");
                else
                    printf("Q1 队空\n");
                if(notEmpty(Q2))
                    printf("Q2 非空\n");
                else
                    printf("Q2 队空\n");
                if(notEmpty(Q3))
                    printf("Q3 非空\n");
                else
                    printf("Q3 队空\n");
```

```c
            break;
case 3:
        lab1:
        printf("输入入队队号（1，2，3）：");
        getchar();
        scanf("%d",&x);
        if (x==1)
              Q=Q1;
        else if (x==2)
              Q=Q2;
            else if (x==3)
                    Q=Q3;
                else
                  {
                      printf("输入队号有错");
                      goto lab1;
                  }
        printf("输入入队学生编号：");
        getchar();
        scanf("%d",&x);
        EnQueue(Q,x);
        break;
case 4:
      lab2:
      printf("输入出队队号（1，2，3）：");
      int yy;
      getchar();
      scanf("%d",&yy);
      if (yy==1)
            Q=Q1;
      else if (yy==2)
            Q=Q2;
          else if (yy==3)
              Q=Q3;
              else
                {
                                            printf("输入出队号有错");
                                            goto lab2;
                                }
                  if (DeQueue(Q,x))
                  {
                       printf("Q%d 出队元素：",yy);
                        printf("%d ",x);
                  }
                  else
                       printf("Q%d 队空\n",x);
                  break;
case 5:
      printf("队列 Q1 元素：");
      print_queue(Q1);
      printf("队列 Q2 元素：");
      print_queue(Q2);
      printf("队列 Q3 元素：");
      print_queue(Q3);
      break;
case 0:
      flag=0;
      printf(" 退出系统");
```

```
                    break;
            default:
                    printf(" 菜单选择输入错误，请重新输入");
            }
    }
        return 0;
}
```

扫描二维码查看完整程序代码。

扫码查看 2.2.2.cpp

7. 功能测试

学生食堂排队模拟功能测试结果如图 2-15 至图 2-18 所示。

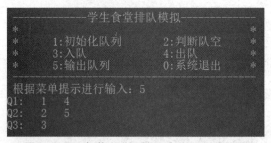

图 2-15　5 个学生进队的 3 个队列测试结果

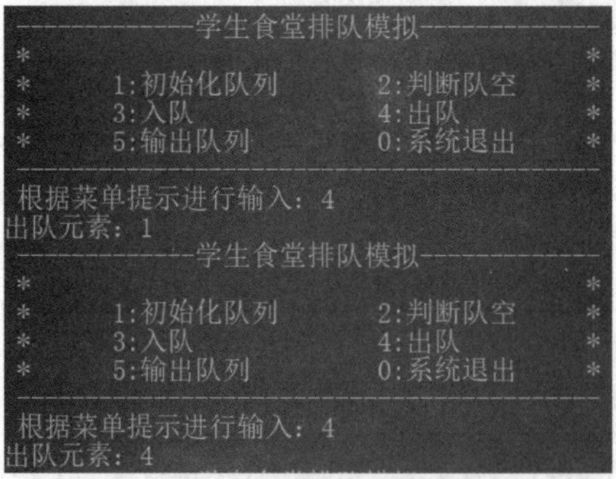

图 2-16　2 个学生出队的测试结果

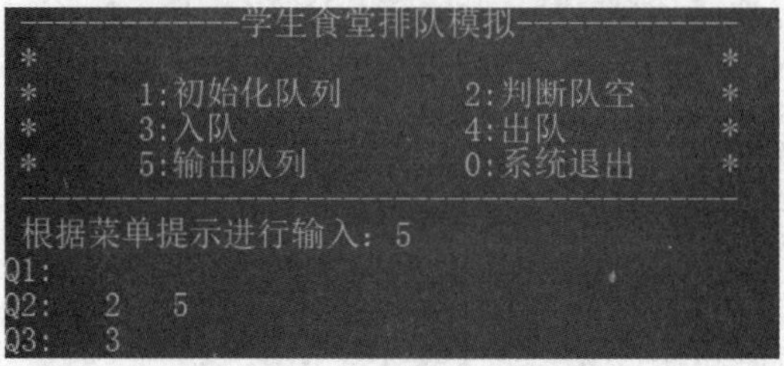

图 2-17　2 个学生出队后的 3 个队列测试结果

图 2-18 非法输入的测试结果

2.3 竞赛进阶

2.3.1 判断括号配对

1. 实践内容【LeetCode 20】

假设一个算术表达式中可以包含三种括号：圆括号"("和")"、方括号"["和"]"以及花括号"{"和"}"，且这三种括号可按任意的次序嵌套试用，如(..[..{..}..[..].]..(..[..]...)。试利用栈的运算编写判断给定表达式中所含括号是否正确配对出现的算法，假设表达式已存入字符型数组中。

2. 实践方案

从左到右扫描字符串，如果是左括号则进栈，如果是右括号则把栈顶一个左括号出栈，这样就配成了一对。等扫描结束的时候，判断栈是否为空，如果此时栈空，那就是配对成功，否则配对失败。

在每次将左括号入栈时，栈顶的左括号一定是最后一个没有配对的左括号。当遇到右括号时，只需要判断栈顶的左括号与当前的右括号是否是相同的类型，如果是则配对成功，栈顶左括号出栈，否则配对失败。

遍历结束时，如果是有效的字符串，则每个左括号都有一个相同类型的右括号配对，因此不存在没有配对的左括号，此时栈为空。如果栈不为空，则栈内的左括号没有配对，因此不是有效的字符串。

具体实现以下功能：

（1）堆栈初始化函数 Init_SeqStack (void)

该函数功能是申请初始设置的最大空间并置栈空，与 2.1.1 节中介绍的函数类似。

（2）判断堆栈是否为空 Empty (PSeqStack s)

该函数功能是判断堆栈是否为空，与 2.1.1 节中介绍的函数类似。

（3）入栈函数 Push (PSeqStack S, char x)

该函数功能是判断是否栈满，否则实现入栈操作，与 2.1.1 节中介绍的函数类似。

（4）出栈函数 Pop_SeqStack (PSeqStack S, char* e)

该函数功能是判断是否栈空，否则实现出栈操作，与 2.1.1 节中介绍的函数类似。

（5）判断 3 种括号{}、[]、()是否配对 Judge (char exp[], PSeqStack st)

该函数功能是输出配对成功与否的结果。

括号配对判断流程如图 2-19 所示。

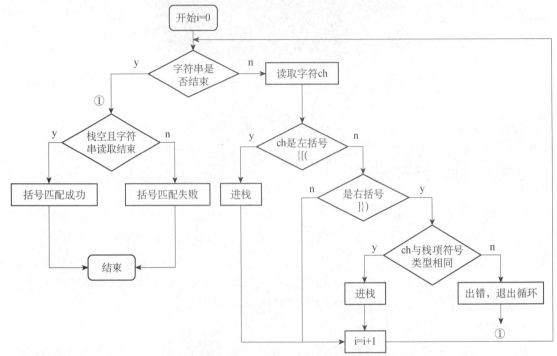

图 2-19　括号配对判断流程图

3. 参考代码

```
//括号配对函数
int  Judge(char exp[], PSeqStack st)
{
   int j = 0, c = 0,i=0,f=1;
   while(exp[i]!='\0')
   {
      if (exp[i]== '('||exp[i]=='['||exp[i]=='{')
      {
         Push(st, exp[i]);
         j++;
      }
      if (exp[i] == ')')
         if (!Empty(st))
            if (st->data[st->top] == '(')
            {
               Pop_SeqStack(st, &exp[i]);
               c++;
            }
            else
               break;
         else
            break;
      if (exp[i] == ']')
            if (!Empty(st))
```

```
                    if (st->data[st->top] == '[')
                    {
                            Pop_SeqStack(st, &exp[i]);
                            c++;
                    }
                    else
                            break;
                else break;
        if (exp[i] == '}')
            if (!Empty(st))
                    if (st->data[st->top] == '{')
                    {
                        Pop_SeqStack(st, &exp[i]);
                         c++;
                    }
                    else
                        break;
                else
                    break;
        i++;
    }
    if (Empty(st)&&exp[i]=='\0')
    {
        printf( "栈空\n");
        return 1;
    }
    return 0;
}
```

扫描二维码查看完整程序代码。

扫码查看 2.3.1.cpp

4. 功能测试

括号配对判断测试结果如图 2-20 至图 2-23 所示。

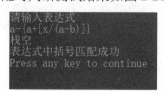

图 2-20　括号配对成功测试 1

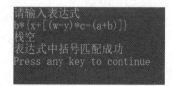

图 2-21　括号配对成功测试 2

图 2-22　括号配对失败测试 1

图 2-23　括号配对失败测试 2

2.3.2 汽车轮渡算法*

1. 实践内容【ACM，NOIP2018 普及组复赛】

某汽车轮渡口，过江渡船每次能载 10 辆车过江，过江车辆分为客车类和货车类，上渡船有如下规定：同类车先到先上船；客车先于货车上渡船，且每上 4 辆客车，才允许上一辆货车；若等待的客车不足 4 辆，则以货车代替；若无货车等待，允许客车都上船。试设计算法模拟以上渡口管理，可分以下层次：

（1）实现 10 辆车过江。

（2）实现 10 辆以上车过江。

（3）实现随时来车过江功能。

2. 实践方案

设计三个队列，分别为渡船队列、客车队列、货车队列。假设数组 q 的最大下标为 10，恰好是每次载渡的最大量。假设客车队列是 q1，货车队列为 q2。若 q1 充足，则每取 4 个 q1 元素后再取一个 q2 元素，直到 q 的长度为 10。若 q1 不充足，则直接用 q2 补齐。主要实现以下函数功能，其中函数（1）～（5）与 2.1.3 节中介绍的循环队列的基本操作函数类似。

（1）队列出始化函数 InitSqQueue (SqQueue &Q)

完成顺序队列的初始化。

（2）入队函数 EnQueue (SqQueue &Q, char elem)

完成车辆队列的入队。

（3）出队函数 EnQueue (SqQueue &Q, char elem)

完成车辆队列的出队。

（4）判断队列是否为空函数 EmptyQueue (SqQueue Q)

判断车辆队列是否为空。

（5）输出队列元素函数 PrintQueue (SqQueue Q)

输出车辆队列中全部车辆。

（6）管理 10 辆车渡船函数 FerryCars10_Menu ( )

根据要求安排 10 辆车渡船方案。解题思路是先判断客车队列是否非空，如果非空，则依次出队并进入渡船队列，重复上述过程，直到渡船队列有 4 辆客车，再判断货车队列是否为空，如果非空，则 1 辆货车出队并进入渡船队列，结束一轮，再重复前面工作，直到客车或货车队列为空，如果某队列为空，则另一种车型可以全部进入渡船队列，直到渡船队列中车辆数为 10 则发船。

（7）管理 10 辆以上车渡船函数 FerryCars_over10_Menu ( )

根据要求安排 10 辆以上车辆渡船方案。方案同上，只需要允许车辆入队数据大于 10，车辆进入渡船队列的条件是一样的，先按上述思路将全部车辆进入渡船队列，然后依次从渡船队列出队，每出 10 辆车发一次船，可以发多次。

（8）管理随时来车渡船函数 FerryCars_Menu ( )

根据要求安排随时来车的渡船方案。车辆进入渡船队列的方案与函数（6）相同，只是渡船队列中车辆不足 10 辆时也可以发船。

（9）求队列元素个数函数 CountQueue (SqQueue Q)
计算队列中的车辆数量。
（10）调用菜单函数 Choose_Menu ( )
根据用户选择菜单的功能调用相应的函数实现对应功能。

3. 参考代码

```c
#define OVERFLOW 0
#define MAXSIZE 100          //队列的最大值
typedef struct
{
    char* base;
    int front;
    int rear;
}SqQueue;

//初始化一个队列
void InitSqQueue(SqQueue &Q)
{
    Q.base = (char*)malloc(sizeof(char)*MAXSIZE);
    if (!Q.base)
    {
        printf( "存储分配失败\n" );
        exit(OVERFLOW);
    }
    Q.front = Q.rear = 0;
}

//打印队列
void PrintQueue(SqQueue Q)
{
    if (Q.rear == Q.front)
    {
        printf( "队空\n" );
        exit(OVERFLOW);
        return;
    }
    int flag = Q.front;
    while (Q.rear != flag)
    {
        printf( " %c" ,Q.base[flag]);
        flag=(flag+1)%MAXSIZE;
    }
    printf("\n");
}

//入队
void EnQueue(SqQueue &Q, char elem)
{
    if ((Q.rear + 1) % MAXSIZE == Q.front)
    {
        printf("队满\n");
        exit(OVERFLOW);
    }
    Q.base[Q.rear] = elem;                    //将新元素插入队尾
    Q.rear = (Q.rear + 1) % MAXSIZE;          //队尾指针加1
}
```

```c
//出队
void OutQueue(SqQueue &Q, char &e)
{
    if (Q.front == Q.rear)
    {
        printf( "队空\n");
        exit(OVERFLOW);
        return;
    }
    e = Q.base[Q.front];                    //将队头元素赋值给 e
    Q.front = (Q.front + 1) % MAXSIZE;      //队头指针加 1
}

//求队列元素个数
int CountQueue(SqQueue Q)
{
    return (Q.rear - Q.front + MAXSIZE) % MAXSIZE;
}

//判断队列是否为空
int EmptyQueue(SqQueue Q)
{
    if (Q.front == Q.rear)
        return 1;
    Else
        return 0;
}

//10 辆车过江
void FerryCars10(SqQueue &Q, SqQueue &Q1, SqQueue &Q2, SqQueue &Q3)
{
    int i = 0, j = CountQueue(Q);//i 是连续上车客车数，j 是船上车数
    while (j < 10)
    {
        if (i < 4 && !EmptyQueue(Q1))
        { //如果船上客车数小于 4 并且客车队列不为空，则上客车
            char e = 0;
            OutQueue(Q1, e);
            EnQueue(Q, e);
            i++; j++;
        }
        else if (i == 4 && !EmptyQueue(Q2))
        {//当船上客车数等于 4 且货车队列不为空，则上一辆货车
            char e = 0;
            OutQueue(Q2, e);
            EnQueue(Q, e);
            j++;
            i = 0;
        }
        else
        {
            while (i < 4 && !EmptyQueue(Q2))
            {
                char e = 0;
                OutQueue(Q2, e);
                EnQueue(Q, e);
                i++; j++;
            }
```

```c
            i = 0;
        }
        if (EmptyQueue(Q1) && EmptyQueue(Q2))
        {
            j = 11;
        }
    }
}

//10辆车过江函数调用
void FerryCars10_Menu()
{
    SqQueue Q,Q1,Q2,Q3;
    InitSqQueue(Q); InitSqQueue(Q1);
    InitSqQueue(Q2); InitSqQueue(Q3);
    printf( "************************\n" );
    printf( "*      1:客车入队      *\n" );
    printf( "*      2:货车入队      *\n" );
    printf( "************************\n" );
    int count = 0;
    printf( "请输入来车序列:\n" );
    while (count<10)
    {
        int choose;
        scanf("%d",&choose);
        if (choose == 1)
        {
            EnQueue(Q1, 'A');
            count++;
        }
        else if (choose == 2)
        {
            EnQueue(Q2, 'B');
            count++;
        }
        else if (choose == 0)
            break;
        else
            continue;
    }
    printf( "客车队列:\n" );
    PrintQueue(Q1);
    printf( "货车队列:" );
    PrintQueue(Q2);
    FerryCars10(Q, Q1, Q2,Q3);
    while (!EmptyQueue(Q))
    {
        char elem;
        OutQueue(Q, elem);
        EnQueue(Q3, elem);//渡船满后或者无客车货车时将渡船上车入队Q3
    }
    printf( "渡船队列:\n" );
    PrintQueue(Q3);
}

//10辆以上的车过江函数
void FerryCars_over10(SqQueue &Q,SqQueue& Q1,SqQueue& Q2,SqQueue& Q3)
{
```

```c
        while (!EmptyQueue(Q1) && !EmptyQueue(Q2))
        {
            FerryCars10(Q,Q1,Q2,Q3);
            while (!EmptyQueue(Q))
            {
                char elem;
                OutQueue(Q,elem);
                EnQueue(Q3,elem); //渡船满后或者无客车货车船上车入队Q3
            }
        }
    }

    //10辆以上的车过江函数调用
    void FerryCars_over10_Menu()
    {
        SqQueue Q, Q1, Q2, Q3;
        InitSqQueue(Q); InitSqQueue(Q1);
        InitSqQueue(Q2); InitSqQueue(Q3);
        printf( "*************************\n" );
        printf( "*       1:客车入队       *\n" );
        printf( "*       2:货车入队       *\n" );
        printf( "*       0:停止入队       *\n" );
        printf( "*************************\n" );
        int choose=3;
        printf( "请输入来车序列:\n" );
        while (choose != 0)
        {
            scanf("%d",&choose);
            if (choose == 1)
            {
                EnQueue(Q1, 'A');
            }
            else if (choose == 2)
            {
                EnQueue(Q2, 'B');
            }
            else if (choose == 0)
            {
                break;
            }
            else
            {
                continue;
            }
        }
        printf( "客车队列:\n" );
        PrintQueue(Q1);
        printf( "货车队列:\n" );
        PrintQueue(Q2);
        FerryCars_over10(Q, Q1, Q2, Q3);
        printf("\n");
        printf("渡江队列:\n");
        PrintQueue(Q3);
    }

    //车辆随时过江函数
    void FerryCars(SqQueue &Q, SqQueue& Q1, SqQueue& Q2, SqQueue& Q3)
    {
```

```c
        FerryCars10(Q, Q1, Q2, Q3);
}

//车辆随时过江函数调用
void FerryCars_Menu()
{
    SqQueue Q, Q1, Q2, Q3;
    InitSqQueue(Q); InitSqQueue(Q1);
    InitSqQueue(Q2); InitSqQueue(Q3);
    printf( "*************************\n");
    printf( "*       0:停止入队       *\n");
    printf( "*       1:客车入队       *\n");
    printf( "*       2:货车入队       *\n");
    printf( "*       Y:继续来车       *\n" );
    printf( "*       N:结束来车       *\n");
    printf( "*************************\n");
    char Inquiry='Y';
    while (Inquiry!='N')
    {
        printf( "是否来车:");
        getchar();
        scanf("%c",&Inquiry);
        if (Inquiry == 'Y')
        {
            int choose = 3;
            printf( "请输入来车序列:\n" );
            while (choose != 0)
            {
                scanf("%d",&choose);
                if (choose == 1)
                {
                    EnQueue(Q1, 'A');
                }
                else if (choose == 2)
                {
                    EnQueue(Q2, 'B');
                }
                else
                {
                    continue;
                }
            }
        }
        printf( "客车队列:\n" );
        PrintQueue(Q1);
        printf( "货车队列:\n" );
        PrintQueue(Q2);
        FerryCars(Q, Q1, Q2, Q3);
        if (CountQueue(Q) == 10)
        {
            printf( "渡船队列:\n");
            PrintQueue(Q);
            printf( "船满自动发船\n" );
            while (!EmptyQueue(Q))
            {
                char elem;
                OutQueue(Q, elem);
                EnQueue(Q3, elem);//渡船满时将渡船上车入队 Q3
            }
```

```c
            }
            else if (CountQueue(Q)<10)
            {
                if (EmptyQueue(Q1) && EmptyQueue(Q2))
                {
                    printf( "船未满,但岸上已无车等待,是否发船(Y/N):");
                    char iq;
                    getchar();
                    scanf("%c",&iq);
                    while (iq != 'N')
                    {
                        if (iq == 'Y')
                        {
                            printf( "渡船队列:" );
                            PrintQueue(Q);
                            break;
                        }
                        else if (iq == 'N')
                        {
                            break;
                        }
                        else
                        {
                            printf( "输入错误,请重新输入(Y/N):");
                            scanf("%c",&iq);
                        }
                    }
                }
            }
            printf("客车队列:\n" );
            PrintQueue(Q1);
            printf( "货车队列:\n" );
            PrintQueue(Q2);
            printf( "渡船队列:\n" );
            PrintQueue(Q);
            printf("渡江队列:\n" );
            PrintQueue(Q3);
            continue;
        }
        else if (Inquiry == 'N')
        {
            printf("客车队列:\n" );
            PrintQueue(Q1);
            printf( "货车队列:\n");
            PrintQueue(Q2);
            printf( "渡船队列:\n" );
            PrintQueue(Q);
            printf( "渡江队列:\n");
            PrintQueue(Q3);
            break;
        }
        else
        {
            printf("输入错误\n");
        }
    }
}
```

```c
//菜单
void Menu()
{
    printf( "**************************\n" );
    printf( "*    1:10辆车渡江         *\n" );
    printf( "*    2:大于10辆车渡江     *\n" );
    printf( "*    3:随时渡江           *\n" );
    printf( "*    0:退出程序           *\n" );
    printf( "**************************\n" );
}

//调用菜单函数
int Choose_Menu()
{
    Menu();
    int function;
    printf("请选择功能:");
    scanf("%d" ,&function);
    while (function != 0)
    {
        if (function == 1)
        {
            FerryCars_over10_Menu();
            printf( "是否继续使用？请选择功能(0退出):");
            scanf("%d" ,&function);
        }
        else if (function == 2)
        {
            FerryCars_over10_Menu();
            printf("是否继续使用？请选择功能(0退出):");
            scanf("%d" ,&function);
        }
        else if (function == 3)
        {
            FerryCars_Menu();
            printf( "是否继续使用？请选择功能(0退出):" );
            scanf("%d" ,&function);
        }
        else
        {
            printf( "无此功能，是否继续使用？请选择功能(0退出):");
            scanf("%d" ,&function);
        }
    }
    return 0;
}
```

扫描二维码查看完整程序代码。

扫码查看 2.3.2.cpp

4. 功能测试

轮渡过江模拟测试结果如图 2-24 至图 2-27 所示。

图 2-24　10 辆车过江方案测试结果

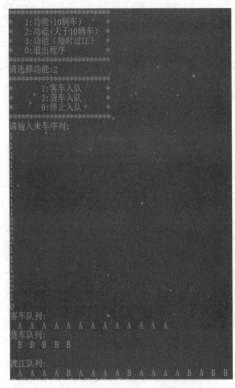

图 2-25　10 辆以上车过江方案测试结果

图 2-26　随时过江方案测试结果

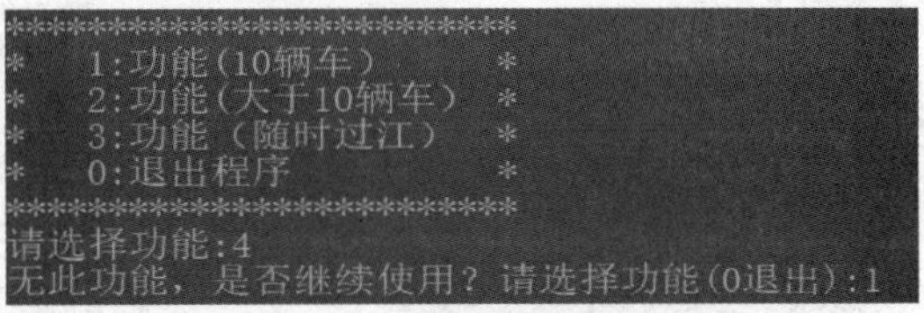

图 2-27　非法输入测试结果

2.4 考研进阶

2.4.1 用栈实现队列逆置

1. 实践内容【2000 年清华大学研究生入学考试题】

已知 Q 是一个非空队列,S 是一个空栈,仅用队列和栈的少量工作变量,使用 C 语言编写一个算法,将队列 Q 中的所有元素逆置。

2. 实践方案

本实践可以利用栈先进后出和队列先进先出的操作特点,将队列中的元素依次出队后再依次入栈,结束后再将堆栈中元素依次出栈再依次入队,这样操作之后队列中的元素就成功逆置,步骤如下:

(1) 将元素输入队列中。
(2) 以队列的先进先出方式出队各元素并依次插入到栈中。
(3) 采用栈的后进先出方式出栈各元素并重新入队,从而实现队列中元素的逆置。

具体需要实现以下函数,函数(1)~(7)与 2.1.2 节和 2.1.4 节中介绍的相关函数类似:

(1) 队列初始化函数 initLQ (LQ LQ)。
(2) 入队函数 pushQueue (LQ LQ)。
(3) 出队函数 popQueue (LQ LQ, node* LS)。
(4) 入栈函数 PushStack (node* LS, int elem)。
(5) 出栈函数 PopStack (node* LS)。
(6) 输出栈元素 showStack (node* LS)。
(7) 输出队列元素 showLQ (LQ LQ)。
(8) 队列逆置函数 Queue_Inversion ( )。

队列逆置函数主要是对前面(1)~(7)中队列和栈基本操作函数的调用,由于队列的操作特性是先进先出,栈的操作特性是先进后出,利用这些特性,先将一组数据依次入队,如入队顺序是 1,2,3,4,5,6,7,8,9,则原队列中元素是 1,2,3,4,5,6,7,8,9,这里 1 是队首元素,9 是队尾元素。逆置的方法是:

(1) 队首元素出队->出队的元素入栈,直到队列为空停止;这样得到一个含有 9 个元素的栈,元素 1 在栈底,元素 9 在栈顶。
(2) 栈顶元素出栈->出栈的元素入队,直到栈为空停止;这样得到一个新的含有 9 个元素的队列,元素 9 在队首,元素 1 在队尾,这样就成功地利用栈实现了队列的逆置。

3. 参考代码

```
//队列逆置函数
void Queue_Inversion()
{
    struct LinkQueue myLQ;
    node* mystack = NULL;
    myLQ.front = myLQ.rear = NULL;
```

```c
    myLQ = InitLQ(myLQ);
    printf("初始化空队列是：\n");
    printf("%d\n", myLQ.front->data);
    printf("队首节点是：%d\n", myLQ.front->data);
    printf("队尾节点是：%d\n", myLQ.rear->data);
    myLQ = PushQueue(myLQ);
    printf("将1-9个元素入队后的队列是：\n");
    ShowLQ(myLQ);
    printf("队首节点是：%d\n", myLQ.front->data);
    printf("队尾节点是：%d\n", myLQ.rear->data);
    printf("队列元素开始出队:\n");
    mystack=PopQueue(myLQ,mystack);
    printf("队列元素出队列后，进栈，再出栈：\n");
    PopStack(mystack);
}
```

扫描二维码查看完整程序代码。

扫码查看 2.4.1.cpp

4. 功能测试

队列逆置过程测试结果如图 2-28 所示。

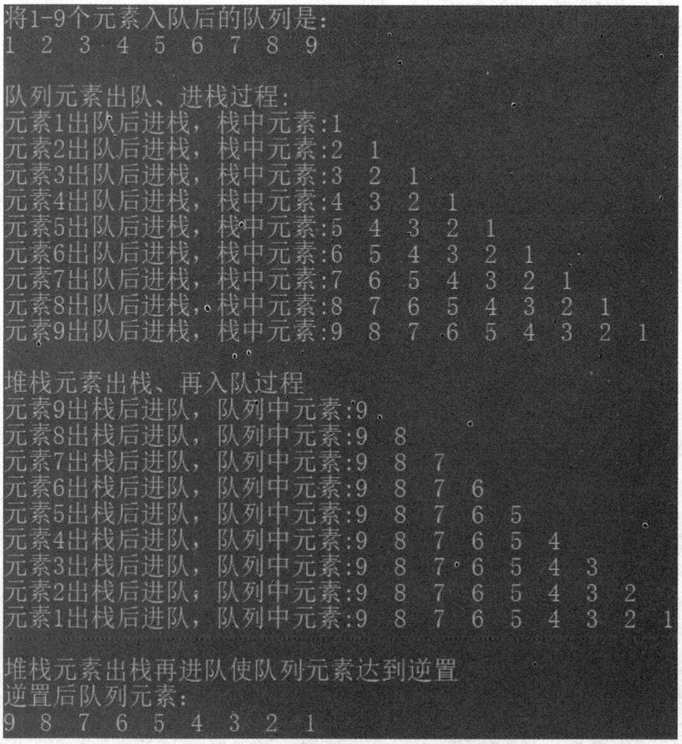

图 2-28　队列逆置过程测试结果

2.4.2 共享栈

1. 实践内容【2001年哈尔滨工业大学研究生入学考试题】

设计两个栈S1、S2都采用顺序栈方式,并且共享一个存储区[0,maxsize-1]方式,设计一个有关栈的入栈和出栈算法。

2. 实践方案

共享空间的思想是:设计一个栈的栈底为数组的开始端,即下标为0处,另一个栈的栈底为数组的末端,即下标为数组长度的maxsize-1处,这样,两个栈如果增加元素,就是两端点向中间延伸,两个栈共享向量空间。初始时,s1的栈顶指针为-1,s2的栈顶指针为maxsize。两个栈顶指针相邻时为栈满,两个栈顶相向时则为迎面增长,栈顶指针指向栈顶元素。共享栈的初始存储结构图如图2-29所示。

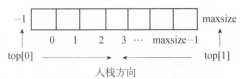

图2-29 共享栈的初始存储结构图

本题的关键是,两个栈入栈和退栈时的栈顶指针的计算。s1栈是通常意义下的栈;而s2栈在入栈操作时,其栈顶指针左移(做减1运算),退栈时,其栈顶指针右移(做加1运算)。此外,对于所有栈的操作,都要注意进行"入栈判满,出栈判空"的操作。

主要实现以下函数。

(1)堆栈初始化 Initstack ( )

申请初始设置的最大空间并置栈空。

(2)入栈函数 Push (int i, Elemtp x)

判断是否栈满,若栈未满则实现入栈操作。

(3)出栈函数 Pop (int i)

判断是否栈空,若栈未空则实现出栈操作。

(4)显示栈中所有元素 DisplayStack (int i)

输出当前堆栈中的全部元素。

(5)共享栈函数 Union_Stack ( )

实现菜单调用各函数。

3. 参考代码

```
#define Maxsize  10
typedef int Elemtp;
typedef struct
{
   Elemtp *stack;      //栈空间
   int top[2];         //top 为两个指针
 }Stk;
Stk s;   //s 是上面定义的结构类型变量,为全局变量

//堆栈初始化
void InitStack()
```

```c
{
    s.stack=(Elemtp *)malloc(sizeof(Elemtp)*Maxsize );
    s.top[0]=-1;
    s.top[1]=Maxsize ;
}

//入栈，i 为栈号，i=0 表示左边栈 s1，i=1 表示右边栈 s2，x 是入栈元素
//入栈成功则返回 1，否则返回 0
int Push(int i, Elemtp x)
{
    if(i<0||i>1)
    {
        printf("栈号输入错误");
        return 0;
    }
    if(s.top[1]-s.top[0]==1)
    {
        printf("栈已满");
        return 0;
    }
    switch(i)
    {
        case 0: s.stack[++s.top[0]]=x; return 1;break;
        case 1: s.stack[--s.top[1]]=x; return 1;break;
    }
}

//退栈，i 代表栈号，i=0 表示左边栈 s1，i=1 表示右边栈 s2
//退栈成功则返回退栈元素，否则返回-1
Elemtp Pop(int i)
{
    if(i<0||i>1)
    {
        printf("栈号错误");
        return 0;
    }
    switch(i)
    {
        case 0:
            if(s.top[0]==-1)
            {
                printf("栈空");
                return -1;
            }
            else
                return s.stack[s.top[0]--];
            break;
        case 1:
            if(s.top[1]==Maxsize)
            {
                printf("栈空");
                return -1;
            }
            else
                return s.stack[s.top[1]++];
    }
}
```

```c
//输出栈元素，i 代表栈号，i=0 表示左边栈 s1, i=1 表示右边栈 s2
void DisplayStack(int i)
{
    int k=0;
    if(i<0||i>1)
    {
        printf("栈号错误");
    }
    switch(i)
    {
        case 0:
            if(s.top[0]==-1)
            {
                printf("栈空");
            }
            else
            {
                printf("0 号栈中元素：");
                while(k<=s.top[0])
                {
                    printf("%4d ", s.stack[k]); k++;
                }
            };
            break;
        case 1:
            if(s.top[1]==Maxsize )
            {
                printf("栈空");
            }
            else
            {
                printf("1 号栈中元素：");
                k=s.top[1];
                while(k<Maxsize )
                {
                    printf("%4d ", s.stack[k]);k++;
                }
            }
    }
}

//共享栈菜单
int Menu()
{
    int key,flag=1;
    printf("\n-----------------共享栈模拟--------------\n");
    printf(" *                                        *\n");
    printf(" *       1:初始化共享栈    2:入栈         *\n");
    printf(" *       3:出栈            4:输出栈元素   *\n");
    printf(" *       0:返回上一级菜单                 *\n");
    printf("------------------------------------------\n");
    printf(" 根据菜单提示进行输入：");
    while(flag)
    {
        scanf("%d",&key);
        if(key>=0&&key<=4)
        {
            flag=0;
```

```c
            return key;
        }
        else
            printf(" 菜单选择输入错误，请重新输入: ");
    }
}

//共享栈函数调用
void Union_Stack()
{
    Stk st;
    int x,i;
    int m;
    int flag=1,mm=1;
    while(mm)
    {
        printf("选择栈 0（左），1（右）栈，其他符号结束\n");
        scanf("%d",&i);flag=1;
        if (i!=0&&i!=1){ mm=0;break;}
        while(flag)
        {
          m=Menu();  //读取键盘的输入
            switch(m)
            {
                case 1:
                    InitStack();
                    break;
                case 2:
                    printf("请输入入栈元素：");
                    scanf("%d",&x);
                    Push(i,x);
                    break;
                case 3:
                    x=Pop(i);
                    printf("%d 号栈，%d 出栈\n",i,x);
                    break;
                case 4:
                    DisplayStack(i);
                    break;
                case 0:
                    flag=0;
                    printf("返回上一级菜单\n");
                    break;
                default:
                    printf(" 菜单选择错误，请重新输入");break;
            }
        }
    }
}
```

扫描二维码查看完整程序代码。

扫码查看 2.4.2.cpp

4. 功能测试

共享栈的功能测试结果如图 2-30 至图 2-32 所示。

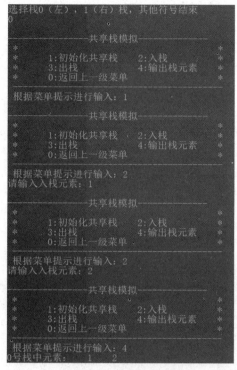

图 2-30　0 号栈元素入栈

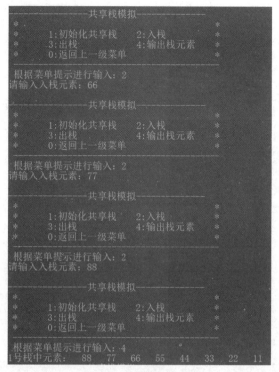

图 2-31　1 号栈元素入栈

图 2-32　共享栈满测试

第3章 串

3.1 基础实践

3.1.1 串的基本操作

1. 实践目的

（1）理解串的概念及基本术语。
（2）掌握串的定长顺序存储在计算机中的表示。
（3）能够编程实现串赋值、求串长、串比较、串连接、求子串、串输出等操作。

2. 实践内容

（1）实现串赋值操作。
（2）实现求串长操作。
（3）实现串比较操作。
（4）实现串连接操作。
（5）实现求子串操作。
（6）实现串输出操作。

3. 数据结构设计

用一组地址连续的存储单元存储串值的字符序列。按照预定义的大小，为每个定义的串分配一个固定长度的存储区。

串的定长顺序存储表示描述如下：

```
#define MAXSTRLEN 80
typedef struct
{
    char str[MAXSTRLEN+1];
    int len;
}SString;
```

4. 实践方案

（1）串赋值函数 StrAssign (SString &S, char chars[])

根据给定的字符串 chars 构造一串 S，即将字符串中的内容逐一复制至分配的存储空间并设置串长为 chars 的长度。

（2）求串长函数 StrLength (SString S)

返回串长数据域的值。

（3）串比较函数 StrCompare (SString S, SString T)

按字典顺序依次比较串 S 和串 T 对应位置的字符的大小，若相等则比较下一对字符，直到遇到第一个不相同的字符，则返回不相同字符的 ASCII 码的差值；如果两个串的有效字符均相等，则返回两串的串长之差。若返回值>0 则表示 S>T，若返回值=0 则表示 S=T，若返回值<0 则表示 S<T。

（4）串连接函数 StrConcat (SString &S, SString S1, SString S2)

返回由串 S1 和串 S2 连接而成的新串 S。

根据串 S1 和串 S2 的长度可分为三种情况。

① S1.len+S2.len<MAXSTRLEN：首先将串 S1 的内容逐一复制至串 S 的相同位置，然后依次将串 S2 的内容复制至串 S 的 S1.len 开始的位置上去，并令串 S 的串长为 S1.len+S2.len。

② S1.len<MAXSTRLEN 且 S1.len+S2.len>MAXSTRLEN：首先将串 S1 的内容逐一复制至串 S 的相同位置，然后将串 S2 中的前 MAXSTRLEN−S1.len 个字符复制至串 S 的 S1.len 开始的位置上去，并令串 S 的串长为 MAXSTRLEN。

③ S1.len==MAXSTRLEN：T 中只能存放串 S1 的值，并令串 S 的串长为 MAXSTRLEN。

（5）求子串函数 SubString (SString &sub, SString S, int pos, int len)

首先根据子串的起始位置 pos 和串长 len 来判断其操作是否合法，即要求 pos 是否在 1~S.len 之间且 len 是否在 0~S.len−pos+1 之间；其次将主串 S 中位置从 pos 到 S.len−pos+1 的字符逐一复制到子串 sub 中；最后设置子串 sub 的串长为 len。

（6）串输出函数 StringPrint (SString S)

通过 puts( )或 printf( )函数输出串的值。

（7）设计功能选择菜单

```
---1. 串赋值 S1           ---
---2. 串赋值 S2           ---
---3. 求串长              ---
---4. 串比较              ---
---5. 串连接              ---
---6. 求子串              ---
---7. 串输出              ---
---8. 退出                ---
---请选择（1-8）：        ---
```

通过循环和分支语句实现用户可重复选择的功能菜单。根据菜单，选择对应功能的数字。

5. 参考代码

```c
#include <stdio.h>
#include <string.h>
#include <stdlib.h>
#define ERROR 0
#define OK 1
#define OVERFLOW -2
typedef int Status;
#define MAXSTRLEN 20
typedef struct
```

```c
{
    char str[MAXSTRLEN+1];//为串预留一个空间存放'\0'
    int len;
}SString;

//串赋值
Status StrAssign(SString &S,char chars[])
{
    int len=strlen(chars),i;
    for(i=0;i<len;i++)
        S.str[i]=chars[i];
    S.str[i]='\0';
    S.len=len;
    return OK;
}

//串输出
void StringPrint(SString S)
{
    puts(S.str);
    putchar('\n');
}

//求串长
int StrLength(SString S)
{
    return S.len;
}

//串比较
int StrCompare(SString S,SString T)
{
    int i;
    for(i=0;i<S.len&&i<T.len;i++)
        if(S.str[i]!=T.str[i])
            return S.str[i]-T.str[i];
    return  S.len-T.len;
}

//串连接
Status StrConcat(SString &S,SString S1,SString S2)
{
    int i,j;
    if(S1.len+S2.len<=MAXSTRLEN)
    {
        for(i=0;i<S1.len;i++)
            S.str[i]=S1.str[i];
        for(j=0;j<S2.len;j++)
            S.str[S1.len+j]=S2.str[j];
        S.str[S1.len+j]='\0';
        S.len=S1.len+S2.len;}
        else if(S1.len<MAXSTRLEN)
        {
            for(i=0;i<S1.len;i++)
            S.str[i]=S1.str[i];
            for(j=0;j<MAXSTRLEN-S1.len;j++)
                S.  str[S1.len+j]=S2.str[j];
            S.str[S1.len+j]='\0';
            S.len=MAXSTRLEN;
```

```
            }
            else
            {
                for(i=0;i<=S1.len;i++)
                    S.str[i]=S1.str[i];
                S.len=S1.len;
            }
    return OK;
}

//求子串
Status SubString(SString &sub,SString S,int pos,int len)
{
    int j;
    if(pos<1 || pos>S.len || len<0 || len>S.len-pos+1)
        return ERROR;
    for(j=0;j<len;j++)
        sub.str[j]=S.str[pos+j-1];
    sub.str[len]='\0';
    sub.len=len;
    return OK;
}

int main()
{
    SString S,S1,S2,sub;
    char chars[MAXSTRLEN+1];
    int x,pos,len,n;
    while(1)
    {
        printf("---1. 串赋值S1        ---\n");
        printf("---2. 串赋值S2        ---\n");
        printf("---3. 求串长          ---\n");
        printf("----4. 串比较         ---\n");
        printf("----5. 串连接         ---\n");
        printf("---6. 求子串          ---\n");
        printf("---7. 串输出          ---\n");
        printf("---8. 退出            ---\n");
        printf("---请选择（1-8）:    ---\n");
        scanf("%d",&x);
        getchar();
        if(x)
            switch(x)
            {
                case 1:
                    printf("请输入串值S1:");
                    gets(chars);
                    StrAssign(S1,chars);
                    break;
                case 2:
                    printf("请输入串值S2:");
                    gets(chars);
                    StrAssign(S2,chars);
                    break;
                case 3:
                    printf("请选择串1或串2:(1/2)");
                    scanf("%d",&n);
                    if(n==1)  printf("%d\n",StrLength(S1));
```

```
                else if(n==2)    printf("%d\n",StrLength(S2));
                break;
            case 4:
                if(StrCompare(S1,S2)>0) printf("S1>S2\n");
                else if(StrCompare(S1,S2)==0) printf("S1=S2\n");
                else printf("S1<S2\n");
                break;
            case 5:
                printf("串1的值:");
                StringPrint(S1);
                printf("串2的值:");
                StringPrint(S2);
                StrConcat(S,S1,S2);
                StringPrint(S);
                break;
            case 6:
                printf("请输入主串的值:");
                gets(chars);
                StrAssign(S,chars);3
                StringPrint(S);
                printf("请输入子串开始的位置 子串的长度:");
                scanf("%d%d",&pos,&len);
                if(SubString(sub,S,pos,len))
                {
                    printf("substring is:");
                    StringPrint(sub);
                }
                else   printf("Substring is failed\n");
                break;
            case 7:
                printf("请选择串1或串2:(1/2)");
                scanf("%d",&n);
                if(n==1)  StringPrint(S1);
                else if(n==2)    StringPrint(S2);
                break;
            case 8:
                exit(0);
            default:
                system("cls");//清屏命令
                printf("\n选择错误,请重新输入:\n");
        }
    }
    return 0;
}
```

6. 功能测试

（1）串赋值测试结果如图 3-1 所示。

（2）求串长测试结果如图 3-2 所示。

（3）串输出测试结果如图 3-3 所示。

（4）串比较测试结果如图 3-4 所示。

（5）串 S1 和串 S2 的长度之和小于串的最大容量时，测试结果如图 3-5 所示。

（6）串 S1 和串 S2 的长度之和大于串的最大容量时串连接发生截断，测试结果如图 3-6 所示。

（7）数据正常时求子串相关数据合理，测试结果如图 3-7 所示。

（8）pos 出错时的测试结果如图 3-8 所示。

图 3-1　串赋值测试结果

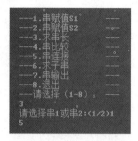

图 3-2　求串长测试结果

图 3-3　串输出测试结果

图 3-4　串比较测试结果

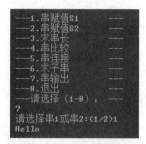

图 3-5　正常串连接时的测试结果

图 3-6　串连接发生截断时的测试结果

图 3-7　数据正常时求子串测试结果

图 3-8　pos 出错时的测试结果

（9）求子串时 pos+len 超出了主串的范围，测试结果如图 3-9 所示。

图 3-9　pos+len 超出主串范围时的测试结果

3.1.2　简单模式匹配算法

1. 实践目的

（1）能够理解串的模式匹配的基本概念。
（2）能够理解模式匹配的算法思想。
（2）能够编写程序实现串的简单模式匹配（BF 算法）。

2. 实践内容

（1）实现串赋值操作。
（2）实现串的简单匹配操作。

3. 数据结构设计

数据结构定义与 3.1.1 节中介绍的串的数据结构定义相同。

4. 实践方案

（1）串赋值函数 StrAssign (SString &S, char chars[])

串赋值操作和 3.1.1 节中介绍的串赋值操作相同。

（2）串的简单匹配函数 Index_BF (SString S, SString T)

从主串 S 的第一个字符开始，与串 T 中的第一个字符进行比较，若相等，则继续逐个比较后续字符，否则从串 S 的下一个字符开始重新与串 T 的第一个字符进行比较。以此类推，若从主串 S 的某个字符开始，每个字符依次和串 T 中的对应字符相等，则匹配成功，返回 $i-T.len+1$；否则，匹配失败，返回 0，过程如下所示。

① 开始匹配时，i 和 j 的初值均为 0，对应字符进行比较，如果相等则 i++，j++，如图 3-10 所示。

图 3-10　开始匹配时

② 当 i=3，j=3 时，对应字符不相等时，表示匹配失败，如图 3-11 所示。

图 3-11　第一次匹配失败时

③ 此时 $i=i-j+1$（回退），$j=0$（从头开始）。
i 和 j 所指字符继续比较，若相等，则 i++，j++，如图 3-12 所示。

图 3-12　主串回溯指针

④ 当对应字符不相等时，表示匹配失败，如图 3-13 所示。

图 3-13　第二次匹配失败

⑤ 此时 $i=i-j+1$（回退），$j=0$（从头开始）。
i 和 j 所指字符继续比较，若相等，则 i++，j++，如图 3-14 所示。

图 3-14　主串第二次回溯指针

⑥ 当 j=T.len 时，表示匹配成功，此时返回 i−T.len+1，如图 3-15 所示。

图 3-15　匹配成功

4. 参考代码

```
#include <stdio.h>
#include <string.h>
#include <stdlib.h>
```

```c
#define ERROR 0
#define OK 1
#define OVERFLOW -2
typedef int Status;
#define MAXSTRLEN 20
typedef struct
{
   char str[MAXSTRLEN+1];
   int len;
}SString;
Status StrAssign(SString &S,char chars[])
{
   int len=strlen(chars),i;
   for(i=0;i<len;i++)
       S.str[i]=chars[i];
   S.str[i]='\0';
   S.len=len;
   return OK;
}

int Index_BF(SString &S,SString &T)
{
   int i=0,j=0;
   while(i<S.len && j<T.len)
       if(S.str[i]==T.str[j])  { i++; j++; }
       else {i=i-j+1;j=0;}
       if(j==T.len)
           return i-T.len+1;
       else
           return 0;
}

int main()
{
   SString S,T;
   char chars[80];
   printf("please input string S:");
   gets(chars);
   StrAssign(S,chars);
   printf("please input string T:");
   gets(chars);
   StrAssign(T,chars);
   printf("please input pos:");
   printf("%d",Index_BF(S,T));
   return 0;
}
```

5. 功能测试

（1）子串匹配成功时，测试结果如图 3-16 所示。

（2）子串匹配不成功时，测试结果如图 3-17 所示。

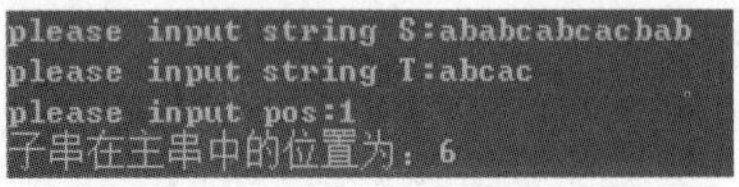

```
please input string S:ababcabcacbab
please input string T:abcac
please input pos:1
子串在主串中的位置为：6
```

图 3-16　子串匹配成功时的测试结果

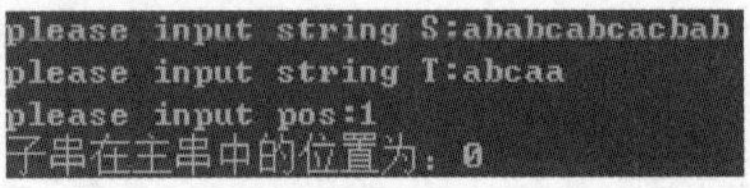

```
please input string S:ababcabcacbab
please input string T:abcaa
please input pos:1
子串在主串中的位置为：0
```

图 3-17　子串匹配不成功时的测试结果

3.2 基础进阶

3.2.1 验证回文串

1. 实践目的

（1）能够正确理解回文串的概念。
（2）能够设计验证回文串的算法思路。
（3）能够编写程序实现验证回文串的算法。

2. 实践内容

如果输入的短语正着读和反着读都一样，则可以认为该短语是一个回文串。字母和数字都属于字母数字字符。给你一个字符串 S，如果它是回文串，则返回 true；否则，返回 false。

具体内容如下：

（1）实现串赋值操作。
（2）实现验证回文串算法操作。

3. 数据结构设计

数据结构定义与 3.1.1 节中介绍的串的数据结构定义相同。

4. 实践方案

（1）串赋值函数 StrAssign (SString &S, char chars[])

串赋值操作和 3.1.1 节中介绍的串赋值操作相同。

（2）验证回文串函数 huiwenchuan (SString &S)

设定两个变量 i、j，i 记录起始字符的下标，j 记录最后一个字符的下标，当 $i<j$ 时，循环比较 S.str[i]和 S.str[j]的值，若相等，则 i++，j--；若不相等，则直接退出循环。循环结束后，若 $i<j$，则表示该字符串不是回文串，返回 0；否则表示该字符串是回文串，返回 1。

5. 参考代码

```
//判断回文串
int huiwenchuan(SString &S)
{
    int i=0,j=S.len-1;
    while(i<j)
    {
        if(S.str[i]!=S.str[j])
            break;
        i++;
        j--;
    }
    if(i<j) return 0;
    else return 1;
}
```

扫描二维码查看完整程序代码。

扫码查看 3.2.1.cpp

6. 功能测试

（1）输入字符串是回文串，其测试结果如图 3-18 所示。

（2）输入字符串不是回文串，其测试结果如图 3-19 所示。

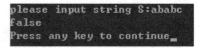

图 3-18　字符串是回文串测试结果　　　　图 3-19　字符串不是回文串测试结果

3.2.2　病毒感染检测问题*

1. 实践目的

（1）培养学生态度严谨、勇于创新的科学探索和实践精神。

（2）能够分析病毒感染检测的算法思想并设计出相关算法——KMP 算法。

（3）能够应用算法思想编写程序实现病毒感染检测。

2. 实践背景

病毒感染一直以来都是医学界和公共卫生领域的重要问题。病毒是一种微生物体，它无法独立生长和复制，必须寄生在宿主细胞内，利用宿主细胞的生物机制来复制自身。这种狡猾的生物体不仅引发各种感染性疾病，还可以导致大规模的流行病和全球性的大流行。《党的二十大报告》指出：提高重大疫情早发现能力，加强重大疫情防控救治体系和应急能力建设，有效遏制重大传染性疾病传播。深入开展健康中国行动和爱国卫生运动，倡导文明健康生活方式。

因此，病毒性感染的检测和防控一直以来都备受关注，特别是在面对新兴病毒和大流行病毒时。在现代医学中，病毒检测是至关重要的，它有助于早期诊断和追踪传染病，以及为公共卫生官员提供数据，以指导预防和控制措施。

医学研究者通过对大量的病毒的研究分析并对病毒 DNA 数据和人的 DNA 数据进行对比，为了方便研究，研究者将人的 DNA 和病毒的 DNA 均表示成由一些字母组成的字符串序列，然后通过检测病毒 DNA 序列是否在被检测人的 DNA 序列中出现过，如果出现过，则此人感染了病毒，否则没有感染。这样可以快速检测出人是否感染了病毒，及时对感染了病毒的人们进行隔离、治疗，能有效阻断病毒传播链条。

3. 实践内容

（1）实现串赋值操作。

（2）实现病毒感染检测问题中的 KMP 算法。

4. 数据结构设计

数据结构定义与 3.1.1 节中介绍串的数据结构定义相同。

5. 实践方案

（1）串赋值函数 StrAssign (SString &S, char chars[])

串赋值操作和 3.1.1 节中介绍的串赋值操作相同。

（2）串的快速匹配函数 Index_KMP (SString S, SString T)

KMP 算法其改进在于：每当一趟匹配过程中出现字符不等时，无须回溯主串的指针，而是利用已经得到的"部分匹配"的结果将模式串向右"滑动"尽可能远的一端距离后，继续进行比较。

为了得到"部分匹配"的长度，设定 next 数组用来存放每个字符不匹配时应滑动的位置。next[j] = k 说明模式串 t[j] 之前有 k 个字符已成功匹配，下一趟应从 t[k] 开始匹配。next 数组计算方法如图 3-20 所示。

$$next=[j]\begin{cases} MAX\{k\,|\,0<k<j, \text{且 } "t_0t_1\cdots t_{k-1}" = "t_{j-k}t_{j-k+1}\cdots t_{j-1}"\} & \text{当此集合非空时} \\ -1 & \text{当 }j=0\text{时} \\ 0 & \text{其他情况} \end{cases}$$

图 3-20 next 数组计算方法

例如，T="abaabc"对应的 next 数组如下：

j	0	1	2	3	4	5
T[j]	a	b	a	a	b	c
next[j]	-1	0	0	1	1	2

① 初始状态，i 和 j 的初值均为 0，对应字符进行比较，如果相等则 i++，j++，如图 3-21 所示。

图 3-21 初始状态

② 当碰到第一个不相等的字符时，表示不匹配，如果 3-22 所示。

图 3-22 第一次不匹配时

③ 此时 i 不动，j=next[5]=2，j 指向 t[2]，如图 3-23 所示。

④ 继续比较，直到碰到不相等的字符，如图 3-24 所示。

⑤ i 不动，j=next[5]=2，j 指向 t[2]，如图 3-25 所示。

⑥ 继续比较，直到碰到不相等的字符，如图 3-26 所示。

⑦ i 不动，j=next[3]=1，j 指向 t[1]，如图 3-27 所示。

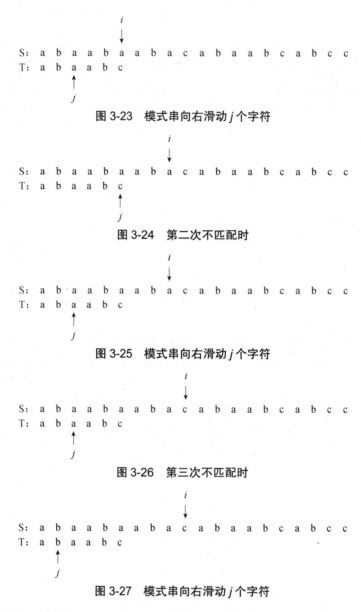

图 3-23 模式串向右滑动 j 个字符

图 3-24 第二次不匹配时

图 3-25 模式串向右滑动 j 个字符

图 3-26 第三次不匹配时

图 3-27 模式串向右滑动 j 个字符

⑧ 仍然不匹配，i 不动，j=next[1]=0，如图 3-28 所示。

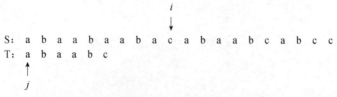

图 3-28 模式串向右移到下一个位置

⑨ 仍然不匹配，i 不动，j=next[0]=-1，此时表示前面再没有"部分匹配"的字符串，i++，j++，如图 3-29 所示。

⑩ 继续依次比较，直到碰到不相等的字符或 j=t.len。若 j=t.len，则表示匹配成功，返回 i−t.len+1，如图 3-30 所示。

```
                             i
                             ↓
    S: a b a a b a a b a c a b a a b c a b c c
    T: a b a a b c
       ↑
       j
```

图 3-29 前面没有"部分匹配"的字符串

```
                                 i
                                 ↓
    S: a b a a b a a b a c a b a a b c a b c c
    T:           a b a a b c
                 ↑
                 j
```

图 3-30 继续下一次比较

若整个主串扫描完均未找到模式串，则称匹配失败，返回 0。

5. 参考代码

```c
//求 next 数组
void GetNext(SString T,int next[])
{
    int j,k;
    j=0;  k=-1;  next[0]=-1;
    while (j<T.len)
    {
        if (k==-1 || T.str[j]==T.str[k])
        {
            j++; k++;
            next[j]=k;
        }
        else k=next[k];
    }
}

//快速匹配
int Index_KMP(SString S,SString T)
{
    int next[MAXSTRLEN];
    int i=0, j=0;
    GetNext(T,next);
    while (i<S.len && j<T.len)
    {
        if (j==-1 || S.str[i]==T.str[j])
        {
            i++;
            j++;                  //i、j各增1
        }
        else j=next[j];           //i不变，j后退
    }
    if (j>=T.len)
        return (i-T.len+1);       //返回匹配模式串的首字符
    else
        return (0);               //返回不匹配标志
}
```

扫描二维码查看完整程序代码。

扫码查看 3.2.2.cpp

6. 功能测试

（1）检测中发现已感染病毒，如图 3-31 所示。

（2）检测中发现未感染病毒，如图 3-32 所示。

图 3-31　检测中发现已感染病毒测试结果 　　　　图 3-32　检测中发现未感染病毒测试结果

3.3　竞赛进阶

3.3.1　无重复字符的最长子串

1. 实践内容【LeetCode 16】

给定一个字符串 s，请找出其中不含有重复字符的最长连续子字符串的长度。

示例一：

输入：s="abcabcbb"
输出：3

解释：因为无重复字符的最长子串是"abc"，所以其长度为 3。

示例二：

输入：s="pppppp"
输出：1

解释：因为无重复字符的最长子串是"p"，所以其长度为 1。

2. 实践方案

（1）串赋值函数 StrAssign (SString &S, char chars[])

串赋值操作和 3.1.1 节中介绍的串赋值操作相同。

（2）无重复字符的最长子串函数 lengthOfLongestSubstring (SString S)

算法的核心思想是使用滑动窗口的概念来维护当前子串的左边界和右边界，通过动态更新左右边界的位置来找到最长无重复字符子串。

① 定义几个变量。

res：用于记录最长无重复字符子串的长度。

left 和 right：分别表示子串的左右边界。

n：表示字符串 s 的长度。

hash[256]：用于记录字符在当前子串中出现的次数。

② 使用 while 循环，循环条件为 right < n，即右边界小于字符串长度时持续进行。在循环中，将当前右边界的字符在 hash 数组中对应的位置加 1，表示该字符出现一次。判断当前右边界字符在 hash 数组中对应位置的值是否大于 1，如果大于 1，则表示出现了重复字符。在出现重复字符的情况下，使用一个内层 while 循环，将左边界向右移动，并在 hash 数组中对应位置减 1，直到没有重复字符。在内层 while 循环结束后，更新 res 的值为当前子串的长度（right − left + 1）与之前的 res 值中的较大值。将右边界向右移动一位，继续下一轮循环。

③ 循环结束后，返回 res，即最长无重复字符子串的长度。

3. **参考代码**

```
int max(int i,int j)
{
    if(i>j) return i;
    else return j;
}

//无重复字符的最长子串
int lengthOfLongestSubstring(SString S)
{
    int res = 0;
    int left = 0;
    int right = 0;
    int n = S.len;
    int hash[256] = { 0 };
    while(right < n)
    {
        hash[S.str[right]]++;
        while(hash[S.str[right]] > 1)
        {
            hash[S.str[left]]--;
            left++;
        }
        res = max(right - left + 1,res);
        right++;
    }
    return res;
}
```

扫描二维码查看完整程序代码。

扫码查看 3.3.1.cpp

4. **功能测试**

运行结果如图 3-33 所示。

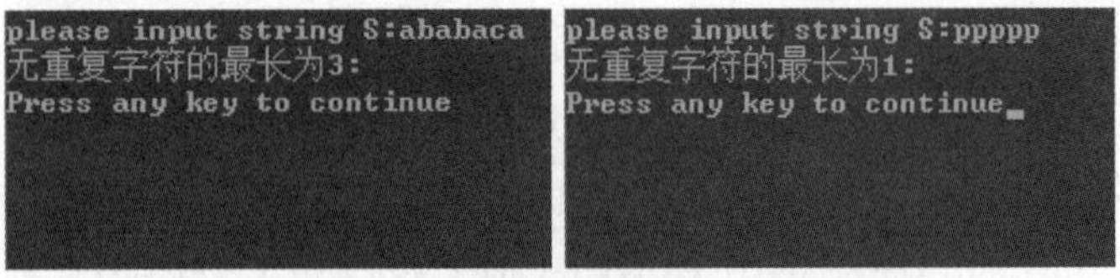

图 3-33　无重复字符的最长子串测试结果

3.3.2　最长回文子串

1. 实践内容【LeetCode 05】

给定一个字符串 S，找到 S 中最长的回文子串。如果字符串的反序与原始字符串相同，则该字符串称为回文字符串。

示例一：

> 输入：s="babbd"
> 输出："bab"

示例二：

> 输入：s="cbbd"
> 输出："bb"

2. 实践方案

（1）串赋值函数 StrAssign (SString &S, char chars[])

串赋值操作和 3.1.1 节中介绍的串赋值操作相同。

（2）最长回文子串函数 longestPalindrome (SString S)

本题最容易想到的一种方法应该就是"中心扩散法"。"中心扩散法"是指遍历字符串中的每一个字符，然后以当前字符为中心往两边扩散，查找最长的回文子串。

举个例子，str="baeaeac"，第一次扫描字符'b'，因为 b 左边没有字符，所以最长回文串是"b"，长度为 1。第二次扫描字符'a'，左右两边字符不相等，则最长回文串是"a"，长度为 1。第三次扫描字符'e'，左右两边都是'a'，所以最长回文串是"aea"，长度为 3。第四次扫描字符'a'，左右两边"ae"和"ea"关于字符'a'对称，所以最长回文串是"aeaea"，长度为 5。以此类推，可得到 str 的最长回文子串长度为"aeaea"。

3. 参考代码

```
#define false 0
#define true 1
typedef int Status;
#define MAXSTRLEN 20
//最长回文子串
char *longestPalindrome(SString S)
{
    int expend1 = 0, max1 = 0;
    int index1 = 0, index2 = 0;//记录下最大子串的长度
    int count1 = 0, maxLength1 = 0;
    int k1, i, g1;
    int count_x = 0;//计算出字符串长度
    //计算奇数时的情况
    for (i = 0; S.str[i] != '\0'; i++, count_x++)
```

第 3 章 串

```c
{
        k1 = i, g1 = i;//分别从中心位置扩散
        count1 = 0; expend1 = 0;
        while ((S.str[k1] == S.str[g1]) && S.str[k1] && g1 >= 0)
        {
            ++count1;  //计算字符个数
            ++expend1;
            k1 = i + expend1;  //向右扩散
            g1 = i - expend1;  //向左扩散
        }
        if (count1 > max1)
        {
            max1 = count1;
            index1 = g1 + 1;
            index2 = k1 - 1;
            maxLength1 = index2 - index1 + 1;//求出最大长度
        }
    }
    //计算偶数时的情况
    int count2 = 0, expend2 = 0, max2 = 0, maxLength2 = 0;
    int index3 = 0, index4 = 0;//记录下最大子串的长度
    int j, g2, k2;
    for (j = 0; j < count_x - 1; j++)
    {
        g2 = j, k2 = j + 1;//分别从两个位置扩散
        count2 = 0; expend2 = 0;
        while ((S.str[g2] == S.str[k2]) && g2 >= 0 && S.str[k2])
        {
            ++count2;
            ++expend2;
            g2 = j - expend2;   //向右扩散
            k2 = j + 1 + expend2;//向左扩散
        }
        if (count2 > max2)
        {
            max2 = count2;
            index3 = g2 + 1;
            index4 = k2 - 1;
            maxLength2 = index4 - index3 + 1;//求出最大长度
        }
    }
    //判断奇数还是偶数子串大
    int y = 0, h;
    if (max1 > max2)
    {   char *c = (char*)malloc(maxLength1 + 1);
        if (c)
        {
            for (h = index1; h <= index2; h++)
                c[y++] = S.str[h];
            c[y] = '\0';
        }
        return c;
    }
    else
    {
        char *c = (char*)malloc(maxLength2 + 2);
        if (c)
        {
```

```
            for (h = index3; h <= index4; h++)
                c[y++] = S.str[h];
            c[y] = '\0';
        }
        return c;
    }
}
```

扫描二维码查看完整程序代码。

扫码查看 3.3.2.cpp

4. 功能测试

测试结果如图 3-34 所示。

图 3-34　最长回文子串测试结果

3.4　考研进阶

3.4.1　统计子串出现的次数

1. 实践内容【2011 年桂林理工大学研究生入学考试题】

已知顺序串 S 和子串 sub，编写算法，统计串 S 中子串 sub 的出现次数。

2. 实践方案

（1）串赋值函数 StrAssign (SString &S, char chars[])

串赋值操作和 3.1.1 节中介绍的串赋值操作相同，输入顺序串 S 和子串 sub 的值。

（2）统计子串出现次数函数 SubStringNum (SString S, SString sub)

算法思想如下：

① 设定两个变量 i, j 分别存储串 S 和子串 sub 的当前下标，count 存储子串出现的次数，初始值 $i=0$, $j=0$, count=0。

② 依次比较 S.str[i]和 sub.str[j]的值，若相等，则 i++，j++，继续比较。若不相等，则判断 j 是否等于 sub.len，若相等，则表示匹配成功，出现次数加 1；若不相等，则表示匹配失败，则 i++，$j=0$。

③ 重复执行第②步，直到顺序串 S 扫描结束。

④ 返回 count 的值。

3. 参考代码

```
//统计子串出现的次数
int SubStringNum(SString S,SString sub)
{
    int i,j,count=0;
    for(i=0;i<S.len;i++)
    {
        for(j=0;j<sub.len;j++)
            if(S.str[i+j]!=sub.str[j]) break;
        if(j==sub.len) count++;
    }
    return count;
}
```

扫描二维码查看完整程序代码。

扫码查看 3.4.1.cpp

4. 功能测试

测试结果如图 3-35 所示。

图 3-35 统计子串出现的次数测试结果

3.4.2 字符串的替换

1. 实践内容【2015 年上海理工大学研究生入学考试题】

若主串 S 中存在和串 T 值相同的子串，则用串 V 来代替主串 S 中的串 T 子串，否则主串 S 不发生变化。

2. 数据结构设计

由于字符串替换过程中替换的字符长度不等，所以这次采用堆分配方式来存储字符串。

串的堆分配存储表示如下：

```
typedef struct
{
    char *ch;
    int length;
}HString;
```

3. 实践方案

（1）串输入函数 StrAssign (HString &S)

用 malloc 函数开辟一个连续的存储空间用来存放串的值，通过循环依次将串的值赋值到开辟的存储空间中。

（2）串模式匹配函数 Index_BF (HString &S, HString &T, int pos)

用模式匹配算法判断串 T 是否是串 S 的子串并返回串 T 在串 S 中的位置 index。

（3）串置换函数 Replace (HString &S, HString &New_S, HString T, HString V, int index)

算法思想如下：

① 若 index=0，表示串 T 不是串 S 的子串，直接结束程序。

② 若 index 不为 0，则表示串 T 是串 S 的子串，此时输入要替换的串 V。

③ 子串位置之前的字符保持不动，因此将串 S 中的 0~index-2 的字符原样复制给串 New_S 中的 0~index-2 的位置上去。

④ 将替换的串 V 插入到串 New_S 中，此时串 New_S 的下标从 index-1 开始一直到 V.len+index-1，依次将串 V 的字符复制给串 New_S。

⑤ 子串之后的字符保持不动，因此将串 S 中剩余字符赋值给串 New_S 中 V.len+index 开始以后的位置上。

⑥ 输出串 New_S 的内容。

4. 参考代码

```c
#include <stdio.h>
#include <string.h>
#include <stdlib.h>
#define ERROR 0
#define OK 1
#define OVERFLOW -2
typedef int Status;
//串的堆分配表示
typedef struct
{
    char *ch;//若是非空串，则按串长分配存储区，否则 ch 为 NULL
    int len;//串长度
}HString;

//1. 实现串的输入
Status StrAssign(HString &S)
{
    char chars[80];
    int i;
    printf("请输入串:");
    gets(chars);
    S.len=strlen(chars);
    S.ch=(char *)malloc((S.len+1)*sizeof(char));
    for(i=0;i<S.len;i++)
        S.ch[i]=chars[i];
    S.ch[i]='\0';
    return OK;
}

//2. 一般的串模式匹配，子串定位
int Index_BF(HString &S,HString &T,int pos)
{
    int i=0,j=0;
    if(pos<1 && pos>S.len) return OVERFLOW;
    while(i<S.len && j<T.len)
    if(S.ch[i]==T.ch[j])
```

```
        {
            i++;j++;
        }
        else
        {
            i=i-j+1;
            j=0;
        }
    if(j==T.len)
        return i-T.len+1;
    else
        return 0;
}

//3. 实现串的置换
Status Replace(HString &S,HString &New_S,HString T, HString V,int index)
{
    int i,j,k;
    New_S.len = S.len+(V.len-T.len);
    New_S.ch = (char *)malloc(New_S.len*sizeof(char));
    //子串之前的不动
    for(i = 0;i< index-1;i++)
        New_S.ch[i] = S.ch[i];
    //替换的目标串插入
    for(j=index-1;j<V.len+i+1;j++)
        New_S.ch[j]=V.ch[j-index+1];
    //子串之后的不动
    for(k=i+V.len;k<New_S.len;k++)
        New_S.ch[k] = S.ch[k-i+V.len-T.len];
    New_S.ch[New_S.len]='\0';
    return OK;
}
```

扫描二维码查看完整程序代码。

扫码查看 3.4.2.cpp

5. 功能测试

（1）字符串替换成功测试结果如图 3-36 所示。

（2）字符串替换失败测试结果如图 3-37 所示。

图 3-36　字符串替换成功测试结果　　　　图 3-37　字符串替换失败测试结果

第4章 数组

4.1 基础实践

4.1.1 矩阵转置

1. 实践目的

(1) 理解稀疏矩阵和矩阵压缩存储的定义。
(2) 掌握矩阵的三元组顺序表在计算机中的表示。
(3) 能够编写矩阵转置算法。

2. 实践内容

(1) 实现矩阵的三元组表创建操作。
(2) 实现矩阵普通转置的操作。
(3) 实现矩阵三元组表的输出操作。

3. 数据结构设计

因为稀疏矩阵的非零元素的分布没有任何规律且非零元素比较少,因此我们存储非零元素时要存储非零元素所在的行、列、值,这三部分组成一个三元组,把所有非零元素的三元组加上矩阵的行、列、非零元素个数构成三元组表。

三元组顺序表结构描述如下:

```
#define MAXSIZE 1000    /*非零元素的个数最多为1000*/
typedef int ElementType;
typedef struct
{
    int i,j;                    //该非零元素的行下标和列下标
    ElementType e;              //该非零元素的值*/
}Triple;
typedef struct
{
    Triple data[MAXSIZE+1];  // 非零元素的三元组表,data[0]未用
    int m,n,t;                  //矩阵的行数、列数和非零元素的个数
}TSMatrix;
```

4. 实践方案

(1) 创建矩阵函数 CreateSMatrix (TSMatrix &a)

① 输入矩阵的行数、列数和非零元素的个数。
② 运用循环依次输入每个非零元素所在的行、列、值。

（2）普通转置函数 TransposeSMatrix (TSMatrix A, TSMatrix &B)

① 新建一个三元组表 B，并将原矩阵 A 的行数、列数互换赋值给新三元组 B 的列数、行数，并将矩阵 A 的非零元素个数赋值给矩阵 B。

② 在矩阵 B 中设置初始存储位置 q=1。

③ 对矩阵 A 中的每一列 col（1≤col≤a.n），依次扫描矩阵 A 的三元组表，找出所有列号等于 col 的那些三元组，将它们的行号和列号互换后依次放入矩阵 B 三元组 q 所指向的位置。

④ q++。

（3）矩阵输出函数 SMatrixPrint (TSMatrix a, TSMatrix b)

① 定义两个二维数组 sa 和 sb，并将其所有元素都赋初始值为 0。

② 分别扫描 a 和 b 两个三元组表，并将每一个非零元素的值赋值给 sa 和 sb 的对应位置上去。

③ 以矩阵的形式输出 sa 和 sb 数组的值。

（4）设计功能选择菜单：

```
---1. 创建矩阵          ---
---2. 普通转置          ---
---3. 矩阵输出          ---
---4. 退出              ---
---请选择（1-4）：      ---
```

通过循环和分支语句实现用户可重复选择的功能菜单。根据菜单，选择对应功能的数字。

5. **参考代码**

```c
#include <stdio.h>
#include <stdlib.h>
#define ERROR 0
#define OK 1
#define OVERFLOW -2
typedef int Status;
#define MAXSIZE 10
typedef int ElementType;
typedef struct
{
    int i,j;
    ElementType e;
}Triple;
typedef struct
{
    Triple data[MAXSIZE+1];
    int m,n,t;
}TSMatrix;

//创建矩阵
Status CreateSMatrix(TSMatrix &a)
{
    int p;
    printf("请输入要创建的矩阵的行数,列数和非零元素个数:");
    scanf("%d%d%d",&a.m,&a.n,&a.t);
```

```c
        printf("请输入各个三元组(下标从1开始):\n");
        for(p=1;p<=a.t;p++)
            scanf("%d%d%d",&a.data[p].i,&a.data[p].j,&a.data[p].e);
        return OK;
}

//矩阵输出
Status SMatrixPrint(TSMatrix a,TSMatrix b)
{
    ElementType sa[MAXSIZE+1][MAXSIZE+1],sb[MAXSIZE+1][MAXSIZE+1];
    int i,j,p;
    for(i=1;i<=a.m;i++)
        for(j=1;j<=a.n;j++)
            sa[i][j]=0;
    for(i=1;i<=b.m;i++)
        for(j=1;j<=b.n;j++)
            sb[i][j]=0;
    for(p=1;p<a.t;p++)
        sa[a.data[p].i][a.data[p].j]=a.data[p].e;
    for(p=1;p<b.t;p++)
        sb[b.data[p].i][b.data[p].j]=b.data[p].e;
    printf("输出三元组A的矩阵形式:\n");
    for(i=1;i<=a.m;i++)
    {
        for(j=1;j<=a.n;j++)
            printf("%5d",sa[i][j]);
        printf("\n");
    }
    printf("输出三元组B的矩阵形式:\n");
    for(i=1;i<=b.m;i++)
    {
        for(j=1;j<=b.n;j++)
            printf("%5d",sb[i][j]);
        printf("\n");
    }
    return OK;
}

//矩阵普通转置
Status TransposeSMatrix(TSMatrix a,TSMatrix &b)
{
    int p,q,col;
    b.m=a.n;   b.n=a.m;   b.t=a.t;
    if(b.t!=0)
    {
        q=1;
        for(col=1;col<=a.n;col++)
            for(p=1;p<=a.t;p++)
                if(a.data[p].j==col)
                {
                    b.data[q].i=a.data[p].j;
                    b.data[q].j=a.data[p].i;
                    b.data[q].e=a.data[p].e;
                    q++;
                }
    }
    printf("%5d%5d%5d\n",b.m,b.n,b.t);
    for(p=1;p<=b.t;p++)
```

```c
        {
            printf("%5d%5d%5d\n",b.data[p].i,b.data[p].j,b.data[p].e);
        }
    return OK;
}

int main( )
{
    TSMatrix a,b;
    int x;
    while(1)
    {
        printf("---1. 创建矩阵       ---\n");
        printf("---2. 普通转置       ---\n");
        printf("---3. 矩阵输出       ---\n");
        printf("---4. 退出           ---\n");
        printf("---请选择(1-4)       ---\n");
        scanf("%d",&x);
        getchar();
        if(x)
        switch(x)
        {   case 1:
                CreateSMatrix(a);
                break;
            case 2:
                TransposeSMatrix(a,b);
                break;
            case 3:
                SMatrixPrint(a,b);
                break;
            case 4:
                exit(0);
            default:
                system("cls");//清屏命令
                printf("\n选择错误,请重新输入：\n");
        }
    }
    return 0;
}
```

6. 功能测试

（1）创建矩阵测试结果如图 4-1 所示。

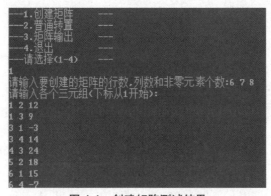

图 4-1　创建矩阵测试结果

（2）普通转置测试结果如图 4-2 所示。

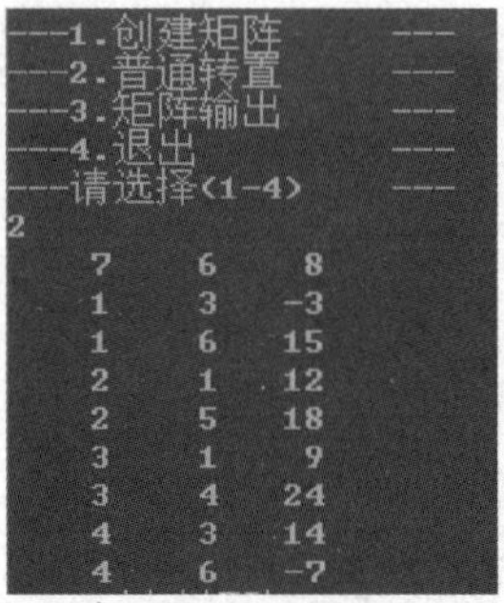

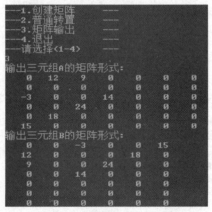

图 4-2　普通转置测试结果

（3）矩阵输出测试结果如图 4-3 所示。

图 4-3　矩阵输出测试结果

4.1.2　矩阵加、减法

1. 实践目的

（1）能够正确掌握矩阵加、减法的运算规则。
（2）能够设计矩阵加、减法的相关算法。
（3）能够编写程序实现矩阵加、减法算法。

2. 实践内容

（1）实现矩阵的三元组表创建操作。
（2）实现矩阵的加法操作。
（3）实现矩阵的减法操作。
（4）实现矩阵三元组表的输出。

3. 数据结构设计

数据结构定义与 4.1.1 节中介绍的三元组顺序表的数据结构定义相同。

4. 实践方案

（1）创建矩阵函数 Status CreateSMatrix (TSMatrix &a, int i)

创建矩阵与 4.1.1 节中介绍的创建矩阵方法相同。

（2）矩阵加法函数 Status AddTSM (TSMatrix A, TSMatrix B, TSMatrix &C)

① 设定 3 个变量 ap、bp、cp 分别存储三元组表 A、B、C 的当前下标，并令它们的初始值均为 1。

② 比较矩阵 A 和矩阵 B 当前三元组元素的行号，分为以下几种情况：

- 若矩阵 A 当前三元组元素的行号大于矩阵 B 当前三元组元素的行号，则把矩阵 B 当前三元组元素加入到矩阵 C 中。
- 若矩阵 A 当前三元组元素的行号小于矩阵 B 当前三元组元素的行号，则把矩阵 A 当前三元组加入到矩阵 C 中。
- 若矩阵 A 当前三元组元素的行号等于矩阵 B 当前三元组元素的行号，则此时判断矩阵 A 三元组元素和矩阵 B 三元组元素的列号。
- 若矩阵 A 当前三元组元素的列号大于矩阵 B 当前三元组元素的列号，则把矩阵 B 当前三元组加入到矩阵 C 中。
- 若矩阵 A 当前三元组元素的列号小于矩阵 B 当前三元组元素的列号，则把矩阵 A 当前三元组加入到矩阵 C 中。
- 若矩阵 A 三元组元素的列号等于矩阵 B 三元组元素的列号，则将矩阵 A 当前三元组元素的值和矩阵 B 当前三元组元素的值相加，若和不为零，则将当前三元组元素的行号、列号、和加入到矩阵 C 中。

（3）矩阵减法函数 Status SubTSM (TSMatrix A, TSMatrix B, TSMatrix &C)

方法和矩阵加法一样，只是要注意把加法改成减法即可。

（4）设计功能选择菜单

```
---1. 创建矩阵 A         ---
---2. 创建矩阵 B         ---
---3. 矩阵加法           ---
---4. 矩阵减法           ---
---5. 退出
---请选择（1-5）：       ---
```

通过循环和分支语句实现用户可重复选择的功能菜单。根据菜单，选择对应功能的数字。

4. **参考代码**

```
#include <stdio.h>
#include <stdlib.h>
#define ERROR 0
#define OK 1
#define OVERFLOW -2
typedef int Status;
#define MAXSIZE 20 // 非零元素个数的最大值
typedef int ElementType;
typedef struct
{
    int i,j; // 行下标,列下标
    ElementType e; // 非零元素值
}Triple;
```

```c
typedef struct
{
    Triple data[MAXSIZE+1]; // 非零元素三元组表,data[0]未用
    int m,n,t; // 矩阵的行数、列数和非零元素个数
}TSMatrix;

//创建三元组表
Status CreateSMatrix(TSMatrix &a,int i)
{
    int p;
    printf("请输入要创建的第%d个矩阵的行数,列数和非零元素个数:",i);
    scanf("%d%d%d",&a.m,&a.n,&a.t);
    printf("请输入各个三元组(下标从1开始):\n");
    for(p=1;p<=a.t;p++)
        scanf("%d%d%d",&a.data[p].i,&a.data[p].j,&a.data[p].e);
    return OK;
}

// 三元组表示的稀疏矩阵加法：C=A+B
Status AddTSM(TSMatrix A,TSMatrix B,TSMatrix &C)
{
    int ai,bi,ci,aj,bj,ap,bp,cp;
    ap = bp = cp = 1;
    if(A.m != B.m || A.n != B.n)
    {
        printf("两矩阵不能进行加法\n");
        return ERROR;
    }
    C.m = A.m;
    C.n = A.n;
//以下为稀疏矩阵A或B中的元素完全加完的情况
while(ap <= A.t && bp <= B.t)
{
    ai = A.data[ap].i;
    bi = B.data[bp].i;
    if(ai > bi)
    {
        ci = bi;
        while(ci == B.data[bp].i)
        {
            C.data[cp].i = B.data[bp].i;
            C.data[cp].j = B.data[bp].j;
            C.data[cp].e = B.data[bp].e;
            ++bp;
            ++cp;
        }
    }
    else if(ai < bi)
    {
        ci = ai;
        while(ci == A.data[ap].i)
        {
            C.data[cp].i = A.data[ap].i;
            C.data[cp].j = A.data[ap].j;
            C.data[cp].e = A.data[ap].e;
            ++ap;
            ++cp;
        }
    }
```

```
        else if(ai == bi)
    {
        ci = ai;
        aj = A.data[ap].j;
        bj = B.data[bp].j;
        if(aj > bj)
       {
            C.data[cp].i = ci;
            C.data[cp].j = bj;
            C.data[cp].e = B.data[bp].e;
            ++cp;
            ++bp;
        }
        else if(aj < bj)
        {
            C.data[cp].i = ci;
            C.data[cp].j = aj;
            C.data[cp].e = A.data[ap].e;
            ++cp;
            ++ap;
        }
        else if(aj == bj)
        {
            if(A.data[ap].e + B.data[bp].e != 0)
            {
                C.data[cp].i = ci;
                C.data[cp].j = aj;
                C.data[cp].e = A.data[ap].e + B.data[bp].e;
                ++cp;
            }
            ++ap;
            ++bp;
        }
    }
}
//以下为稀疏矩阵 A 或 B 中的元素部分剩余的情况
    while(ap <= A.t)
    {
        C.data[cp].i = A.data[ap].i;
        C.data[cp].j = A.data[ap].j;
        C.data[cp].e = A.data[ap].e;
        ++cp;
        ++ap;
    }
    while(bp <= B.t)
    {
        C.data[cp].i = B.data[bp].i;
        C.data[cp].j = B.data[bp].j;
        C.data[cp].e = B.data[bp].e;
        ++cp;
        ++bp;
    }
    C.t = --cp;
    printf("%5d%5d%5d\n",C.m,C.n,C.t);
    for(cp=1;cp<=C.t;cp++)
      printf("%5d%5d%5d\n",C.data[cp].i,C.data[cp].j,C.data[cp].e);
    return OK;
}

//三元组表示的稀疏矩阵减法：C=A-B
```

```c
Status SubTSM(TSMatrix A,TSMatrix B,TSMatrix &C)
{
    int ai,bi,ci,aj,bj,ap,bp,cp;
    ap = bp = cp = 1;
    if(A.m != B.m || A.n != B.n)
    {
        printf("两矩阵不能进行减法\n");
        return ERROR;
    }
    C.m = A.m;
    C.n = A.n;
//以下为稀疏矩阵A或B中的元素完全减完的情况
while(ap <= A.t && bp <= B.t)
{
    ai = A.data[ap].i;
    bi = B.data[bp].i;
    if(ai > bi)
    {
        ci = bi;
        while(ci == B.data[bp].i)
        {
            C.data[cp].i = B.data[bp].i;
            C.data[cp].j = B.data[bp].j;
            C.data[cp].e = -B.data[bp].e;
            ++bp;
            ++cp;
        }
    }
    else if(ai < bi)
    {
        ci = ai;
        while(ci == A.data[ap].i)
        {
            C.data[cp].i = A.data[ap].i;
            C.data[cp].j = A.data[ap].j;
            C.data[cp].e = A.data[ap].e;
            ++ap;
            ++cp;
        }
    }
    else if(ai == bi)
    {
        ci = ai;
        aj = A.data[ap].j;
        bj = B.data[bp].j;
        if(aj > bj)
        {
            C.data[cp].i = ci;
            C.data[cp].j = bj;
            C.data[cp].e = -B.data[bp].e;
            ++cp;
            ++bp;
        }
        else if(aj < bj)
        {
            C.data[cp].i = ci;
            C.data[cp].j = aj;
            C.data[cp].e = A.data[ap].e;
            ++cp;
            ++ap;
```

```c
            }
            else if(aj == bj)
            {
                if(A.data[ap].e - B.data[bp].e != 0)
                {
                    C.data[cp].i = ci;
                    C.data[cp].j = aj;
                    C.data[cp].e = A.data[ap].e - B.data[bp].e;
                    ++cp;
                }
                ++ap;
                ++bp;
            }
        }
    //以下为稀疏矩阵 A 或 B 中的元素部分剩余的情况
    while(ap <= A.t)
    {
        C.data[cp].i = A.data[ap].i;
        C.data[cp].j = A.data[ap].j;
        C.data[cp].e = A.data[ap].e;
        ++cp;
        ++ap;
    }
    while(bp <= B.t)
    {
        C.data[cp].i = B.data[bp].i;
        C.data[cp].j = B.data[bp].j;
        C.data[cp].e = -B.data[bp].e;
        ++cp;
        ++bp;
    }
    C.t = --cp;
    printf("%5d%5d%5d\n",C.m,C.n,C.t);
    for(cp=1;cp<=C.t;cp++)
      printf("%5d%5d%5d\n",C.data[cp].i,C.data[cp].j,C.data[cp].e);
    return OK;
}

int main( )
{
    TSMatrix A,B,C;
    int x;
    while(1)
    {
    printf("---1. 创建矩阵 A    ---\n");
    printf("---2. 创建矩阵 B    ---\n");
    printf("---3. 矩阵加法      ---\n");
    printf("---4. 矩阵减法      ---\n");
    printf("---5. 退出          ---\n");
    printf("---请选择(1-5)      ---\n");
    scanf("%d",&x);
    getchar();
    if(x)
    switch(x)
    {
        case 1:
            CreateSMatrix(A,1);
            break;
```

```
            case 2:
                CreateSMatrix(B,2);
                break;
            case 3:
                AddTSM(A,B,C);
                break;
            case 4:
                SubTSM(A,B,C);
                break;
            case 5:
                exit(0);
            default:
                    system("cls");//清屏命令
                    printf("\n选择错误,请重新输入：\n");
        }
    }
    return 0;
}
```

6. 功能测试

（1）创建矩阵测试结果如图 4-4 所示。

图 4-4　创建矩阵测试结果

（2）矩阵加法测试结果如图 4-5 所示。

（3）矩阵减法测试结果如图 4-6 所示。

图 4-5　矩阵加法测试结果

图 4-6　矩阵减法测试结果

（4）矩阵 A、B 行列不一致时，测试结果如图 4-7 所示。

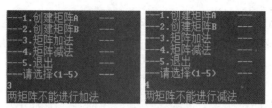

图 4-7 矩阵行列不一致时的测试结果

4.2 基础进阶

4.2.1 快速转置

1. 实践目的

（1）能够掌握矩阵快速转置的概念和算法思想。
（2）能够掌握矩阵的三元组顺序表在计算机中的表示。
（3）能够编程实现矩阵快速转置算法。

2. 实践内容

在 4.1.1 节介绍的矩阵转置的基础上，实现矩阵的快速转置。前面讲的稀疏矩阵转置方法是比较低效的，因为枚举每一列时都要在原矩阵的三元组表中扫描一遍，即使某些列里没有非零元素，也必须扫描一遍。如果可以事先知道每一列的非零元素在转置矩阵 T 的三元组表中的对应序号，可以大大减少转置的时间复杂度。

具体内容如下：
（1）实现矩阵三元组表的创建操作。
（2）实现矩阵的快速转置操作。
（3）实现矩阵三元组表的输出操作。

3. 数据结构设计

数据结构定义与 4.1.1 节中介绍的三元组顺序表的数据结构定义相同。

4. 实践方案

（1）创建矩阵函数 CreateSMatrix (TSMatrix &a)

创建矩阵与 4.1.1 节中介绍的创建矩阵方法相同。

（2）快速转置函数 Fast_TransposeSMatrix (TSMatrix A, TSMatrix &B)

对 A 三元组表只扫描一次，直接将每个三元组行列互换放到 B 三元组适当的位置上。为了预先确定矩阵 A 的每一列的第一个非零元素在矩阵 B 中的位置，需要先求得矩阵 A 的每一列的非零元素的个数，因为矩阵 A 中的某一列的第一个非零元素在矩阵 B 中的位置等于其前一列的第一个非零元素在矩阵 B 中的位置加上前一列非零元素的个数。所以我们设置两个辅助数组 num 和 cpot，num 数组用来统计矩阵 A 中每一列的非零元素的个数，cpot 数组通过以下公式：cpot[1]=1，cpot[i]=cpot[i-1]+num[i-1]用来计算矩阵 A 中每一列的第一个非零元素在矩阵 B 中的位置。

① 新建一个三元组表 B，并将原矩阵 A 的行数、列数互换赋值给新三元组 B 的列数、行数，并将矩阵 A 的非零元素个数赋值给矩阵 B。

② 定义数组 num[MAXSIZE+1]，将值全部赋值为 0，扫描 A 三元组，计算矩阵 A 中每一列非零元素的个数。例如，扫描到某个三元组的列为 j，则令 num[j]++。

③ 定义数组 cpot[MAXSIZE+1]，通过循环计算矩阵 A 中每一列的第一个非零元素在矩阵 B 中的位置。

④ 依次扫描矩阵 A 的每一个三元组，例如，扫描到（i, j, e），则将其行列互换放在矩阵 B 中 cpot[j]指示的位置上，并以 cpot[j]++来指示该列的下一个非零元素所存储的位置。

（3）矩阵输出函数 SMatrixPrint (TSMatrix a, TSMatrix b)

矩阵输出与 4.1.1 中介绍的矩阵输出方法相同。

4. 参考代码

```
Status Fast_TransposeSMatrix(TSMatrix a,TSMatrix &b)
{
    int p,q,col,tu;
    int num[MAXSIZE+1],cpot[MAXSIZE+1];
    b.m=a.n;
    b.n=a.m;
    b.t=a.t;
    if(b.t)
    {
        for(col=1;col<=a.n;col++)
            num[col]=0;
        for(tu=1;tu<=a.t;tu++)
            num[a.data[tu].j]++;
        cpot[1]=1;
        for(col=2;col<=a.n;col++)
            cpot[col]=cpot[col-1]+num[col-1];
        for(p=1;p<=a.t;p++)
        {
            col=a.data[p].j;
            q=cpot[col];
            b.data[q].i=a.data[p].j;
            b.data[q].j=a.data[p].i;
            b.data[q].e=a.data[p].e;
            cpot[col]++;
        }
    }
    printf("%5d%5d%5d\n",b.m,b.n,b.t);
    for(p=1;p<=b.t;p++)
        printf("%5d%5d%5d\n",b.data[p].i,b.data[p].j,b.data[p].e);
    return OK;
}
```

扫描二维码查看完整程序代码。

扫码查看 4.2.1.cpp

5. 功能测试

快速转置测试结果如图 4-8 所示。

图 4-8　快速转置测试结果

4.2.2　矩阵乘法

1. 实践目的

（1）能够掌握矩阵相乘的运算规则和算法思想。

（2）能够设计矩阵相乘的相关算法。

（3）能够编写程序实现矩阵相乘算法。

2. 实践内容

（1）实现矩阵三元组表的创建操作。

（2）实现矩阵相乘操作。

3. 实践方案

（1）创建矩阵函数 CreateSMatrix (RLSMatrix &A, int i)

① 根据参数 i 的值来确定创建第 i 个矩阵。

② 输入矩阵的行数、列数和非零元素个数。

③ 运用循环依次输入每个非零元素所在的行、列、值。

（2）矩阵相乘函数 MultSMatrix (RLSMatrix A, RLSMatrix B, RLSMatrix &C)

要实现矩阵的乘法功能，首先得掌握矩阵乘法的运算规则。

① 乘号前的矩阵的列数要和乘号后的矩阵的行数相等，否则不能相乘。

② 计算方法：用矩阵 A 的第 i 行和矩阵 B 的第 j 列对应的数值做乘法运算，乘积一一相加，所得结果为矩阵 C 的第 i 行第 j 列的值。

算法思路：对于矩阵 A 中每个元素 A.data[p](p=1,2,…,A.t)，找到矩阵 B 中所有满足条件 A.data[p].j=B.data[q].i 的元素 C.data[q]，求得 A.data[p].e 和 B.data[q].e 的乘积，而乘积矩阵 C 中每个元素的值是个累加和，这个乘积 A.data[p].e×B.data[q].e 只是 C[i][j]中的一部分。为了便于操作，应对每个元素设一累加和的变量，其初值为零，然后扫描矩阵，求得相应元素的乘积并累加到适当的求累计和的变量上。

4. 参考代码

```c
#include <stdio.h>
#include <stdlib.h>
#define ERROR 0
#define OK 1
#define ZERO -2
typedef int Status;
#define MAXSIZE 20  // 非零元个数的最大值
//矩阵乘法
Status MultSMatrix(RLSMatrix A,RLSMatrix B,RLSMatrix &C)
{
    int ta= 1,tb = 1;   int k = 1;  int q;
    int l=0;
    if( A.n!= B.m )
        return ERROR;
    if(A.t*B.t==0)
        return ZERO;
    C.m=A.m;
    C.n=B.n;
    for( k = 1; k <= A.n * B.m; k++ )
        C.data[k].e= 0;
    k = 0;
    while( ta <= A.t )
    {
        for( tb = 1; tb<= B.t; tb++ )
            if(A.data[ta].j==B.data[tb].i)
      {
            k++;
            C.data[k].i = A.data[ta].i;
            C.data[k].j = B.data[tb].j;
            C.data[k].e = A.data[ta].e*B.data[tb].e;
            for( q = 1; q < k; q++ )
                if( C.data[k].i ==C.data[q].i && C.data[k].j
                    ==C.data[q].j)
              {
                    C.data[q].e+=C.data[k].e;
                    k--;
              }
      }
        ta++;
    }
    C.t=k;
    return OK;
}
```

扫描二维码查看完整程序代码。

扫码查看 4.2.2.cpp

5. 功能测试

（1）矩阵乘法（数据正常）测试结果如图 4-9 所示。

（2）矩阵乘法（数据不合法）测试结果如图 4-10 所示。

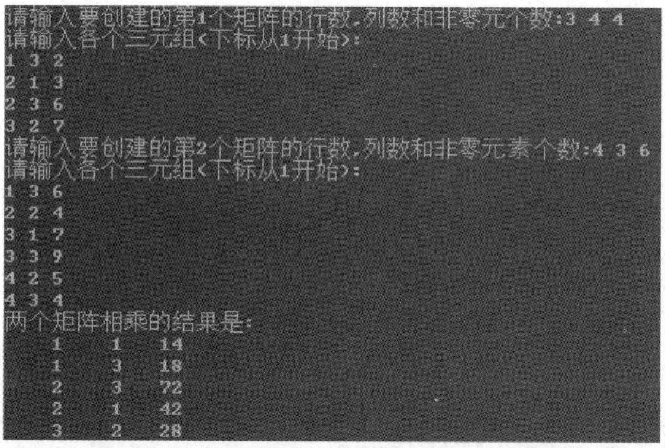

图 4-9 矩阵乘法（数据正常）测试结果

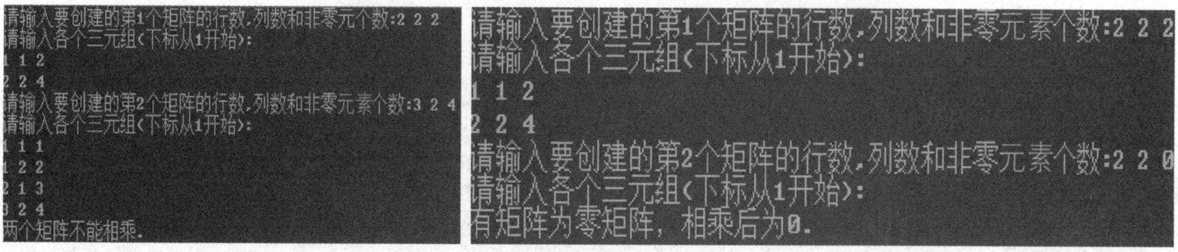

图 4-10 矩阵乘法（数据不合法）测试结果

4.3 竞赛进阶

4.3.1 重塑矩阵

1. 实践内容【LeetCode 566】

在 MATLAB 中，有一个非常有用的函数 reshape，它可以将一个 $m \times n$ 矩阵重塑为另一个大小不同（$r \times c$）的新矩阵，但保留其原始数据。

给一个由二维数组 mat 表示的 $m \times n$ 矩阵，以及两个正整数 r 和 c，分别表示想要的重构的矩阵的行数和列数。

重构后的矩阵需要将原始矩阵的所有元素以相同的行遍历顺序填充。

如果具有给定参数的 reshape 操作是可行且合理的，则输出新的重塑矩阵；否则，输出原始矩阵。

示例一：

输入：mat=[[1,2],[3,4]], r=1, c=4
输出：[[1,2,3,4]]

示例二：

输入：mat=[[1,2],[3,4]], r=2, c=4
输出：[[1,2],[3,4]]

2. 实践方案

重塑矩阵函数 matrixReshape (int **mat, int m, int n, int **Newmat, int r, int c)

算法思想如下：对于一个行数为 m、列数为 n、行列下标都从 0 开始编号的二维数组，我们可以通过下面的方式，将其中的每个元素 (i,j) 映射到整数域内，并且按照行优先的顺序一一对应着 $[0, m*n)$ 中的每一个整数。形象地说，把这个二维数组"拍扁"成了一个一维数组。这样的映射为 $(i,j)\text{-->}i*n+j$。相应地，可以把一维数组的下标 x 映射回其在二维数组的下标，即 $i=x/n$，$j=x\%n$。

因此，该算法可以设计如下：

（1）输入 mat 数组的行和列，并创建出相应的二维数组。
（2）输入 Newmat 数组的行和列，并创建出相应的二维数组。
（3）判断 $m*n$ 是否等于 $r*c$，若不相等，则表示不能重塑，返回原数组 mat。
（4）扫描生成的一维数组，让 Newmat[i/c][$i\%c$]=mat[i/n][$i\%n$]。

3. 参考代码

```c
//重塑矩阵
int ** matrixReshape(int **mat,int m,int n,int **Newmat,int r,int c)
{
    int i;
    if(m*n!=r*c)
        return mat;
    for(i=0;i<m*n;i++)
        Newmat[i/c][i%c]=mat[i/n][i%n];
    return returnmat;
}
```

扫描二维码查看完整程序代码。

扫码查看 4.3.1.cpp

4. 功能测试

（1）矩阵重塑成功测试结果如图 4-11 所示。
（2）矩阵重塑不成功测试结果如图 4-12 所示。

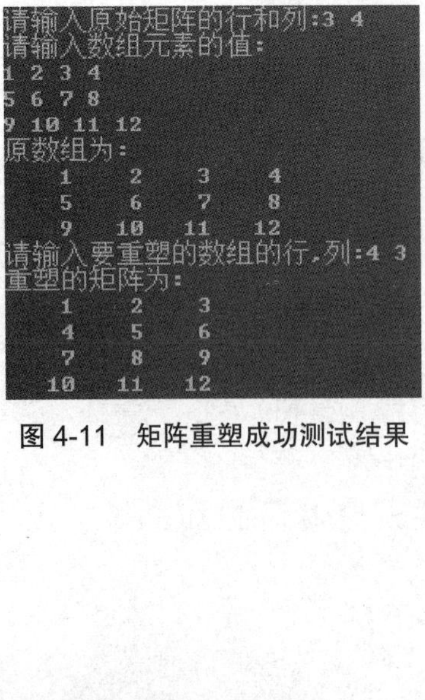

图 4-11　矩阵重塑成功测试结果 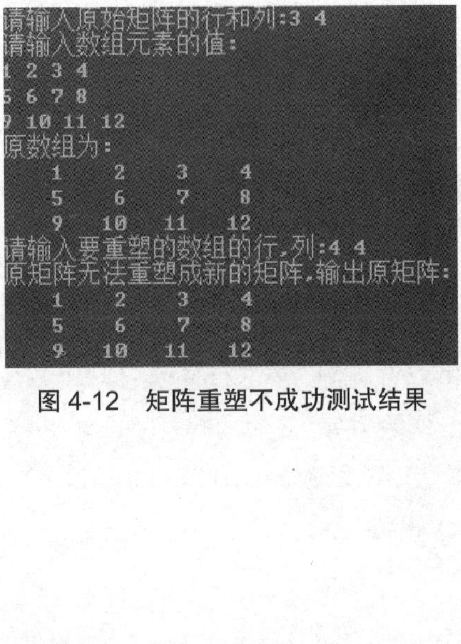　　　　图 4-12　矩阵重塑不成功测试结果

4.3.2 矩阵置零

1. 实践内容【LeetCode 73】

给定一个 $m \times n$ 的矩阵，如果一个元素为 0，则将其所在行和列的所有元素都设为 0。

示例一：

```
输入：matrix=[[1,1,1],[1,0,1],[1,1,1]]
输出：[[1,0,1],[0,0,0],[1,0,1]]
```

示例二：

```
输入：matrix=[[0,1,2,0],[3,4,5,2],[1,3,1,5]]
输出：[[0,0,0,0],[0,4,5,0],[0,3,1,0]]
```

2. 实践方案

方案一：额外空间标记

定义两个标记数组 matrixRowSize（行）和 matrixColSize（列），第一次遍历整个矩阵，把所有为 0 的元素的行号和列号记录下来。第二次遍历整个矩阵，把所有标记为 0 的行和列的元素的值全部改为 0。此方案时间复杂度为 $O(m \times n)$，空间复杂度为 $O(m+n)$。

方案二：原地标记

第一次遍历整个矩阵，当碰到某个元素为 0 时，则扫描该元素所在行、所在列的所有元素，若该行或该列有非零元素，则令这些非零元素为一个特定值（自己设定）。第二次遍历整个矩阵，只需要把元素值为特定值的元素改为 0 即可。此方案时间复杂度为 $O(m \times n)$，空间复杂度为 $O(1)$。

本实践选择第二种方案来进行实现。

3. 参考代码

```c
//矩阵置零
void setZeroes(int **matrix,int m,int n)
{
    int r,c,k;
    int MODIFIED = -1000000;
    for (r = 0; r < m; r++)
    {
        for (c = 0; c < n; c++)
        {
            if (matrix[r][c] == 0)
            {
                for (k = 0; k < n; k++)
                    if (matrix[r][k] != 0)
                        matrix[r][k] = MODIFIED;
                for (k = 0; k < m; k++)
                    if (matrix[k][c] != 0)
                        matrix[k][c] = MODIFIED;
            }
        }
    }
    for (r = 0; r < m; r++)
        for ( c = 0; c < n; c++)
            if (matrix[r][c] == MODIFIED)
                matrix[r][c] = 0;
}
```

扫描二维码查看完整程序代码。

扫码查看 4.3.2.cpp

4. 功能测试

矩阵置零测试结果如图 4-13 所示。

图 4-13 矩阵置零测试结果

4.4 考研进阶

4.4.1 矩阵的旋转

1. 实践内容【2014 年安徽理工大学研究生入学考试题】

给定一个 $n×n$ 的二维矩阵 matrix 表示一个图像。请将图像顺时针旋转 90°。必须在原地旋转图像，这意味着需要直接修改输入的二维矩阵。请不要使用另一个矩阵来旋转图像。

示例：

输入：matrix = [[1,2,3],[4,5,6],[7,8,9]]
输出：[[7,4,1],[8,5,2],[9,6,3]]

2. 实践方案

以位于矩阵四个角点的元素为例，设矩阵左上角元素 A、右上角元素 B、右下角元素 C、左下角元素 D。矩阵旋转 90º 后，相当于依次先后执行 D→A、C→D、B→C、A→B 修改元素，即"首尾相接"的元素旋转操作：A←D←C←B←A，结果如图 4-14 所示。

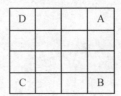

图 4-14 元素旋转操作

由于第一步 D→A 已经将 A 覆盖（导致 A 丢失），也导致最后一步 A→B 无法赋值。为解决此问题，考虑借助一个"辅助"变量 temp 来预先存储 A，temp=A。此时的旋转操作就变为：A←D←C←B←temp。

如此，一轮可以完成矩阵 4 个元素的旋转。因此，只要分别以矩阵左上角 1/4 的各元素为起始点执行以上旋转操作，即可完整实现矩阵旋转。

具体做法如下：当矩阵大小 n 为偶数时，取前 n/2 行，以前 n/2 列的元素为起始点；当矩阵大小 n 为奇数时，取前 n/2 行，以前 (n+1)/2 列的元素为起始点。

令 matrix[*i*][*j*]=A，根据前面的元素旋转公式，可推导出适用于任何起始点的元素旋转操作：

```
temp=matrix[i][j];
matrix[i][j]=matrix[n-1-j][i];
matrix[n-1-j][i]=matrix[n-1-i][n-1-j];
matrix[n-1-i][n-1-j]=matrix[j][n-1-i];
matrix[j][n-1-i]=temp;
```

3. 参考代码

```
void rotate(int **matrix,int matRowSize)
{
    int i,j,temp,m;
    m=matRowSize;
    for(i=0;i<m/2;i++)
        for(j=0;j<(m+1)/2;j++)
        {
            temp=matrix[i][j];
            matrix[i][j]=matrix[m-1-j][i];
            matrix[m-1-j][i]=matrix[m-1-i][m-1-j];
            matrix[m-1-i][m-1-j]=matrix[j][m-1-i];
            matrix[j][m-1-i]=temp;
        }
}
```

扫描二维码查看完整程序代码。

扫码查看 4.4.1.cpp

4. 功能测试

（1）矩阵旋转成功测试结果如图 4-15 所示。

（2）矩阵旋转失败测试结果如图 4-16 所示。

图 4-15　矩阵旋转成功测试结果

图 4-16　矩阵旋转失败测试结果

4.4.2 托普利茨矩阵

1. 实践内容【2017 年西北农林科技大学研究生入学考试题】

给定一个 $m\times n$ 的二维矩阵 matrix。如果这个矩阵是托普利茨矩阵，则返回 true，否则返回 false。

如果矩阵上每一条由左上到右下的对角线上的元素都相同，那么这个矩阵是托普利茨矩阵。

示例一：

1	2	3	4
5	1	2	3
9	5	1	2

输入：matrix=[[1,2,3,4],[5,1,2,3],[9,5,1,2]]

输出：true

解释：在上述矩阵中，其对角线为：[9]、[5,5]、[1,1,1]、[2,2,2]、[3,3]、[4]。各条对角线上的所有元素均相同，因此答案是 true。

示例二：

1	2	3	4
5	1	2	3
9	6	1	2

输入：matrix=[[1,2,3,4],[5,1,2,3],[9,6,1,2]]

输出：false

解释：上述矩阵中，[5,6]上的元素不同，因此答案是 false。

2. 实践方案

判断托普利茨矩阵函数 isToeplitzMatrix (int **matrix, int m, int n)

算法思想：根据定义，当且仅当矩阵中每个元素都与其左上角相邻的元素（如果存在）相等时，该矩阵为托普利茨矩阵。因此，遍历该矩阵，将每一个元素和它左上角的元素相比对即可，即 matrix[i][j]与 matrix[$i-1$][$j-1$]相比，若全部相等，则该矩阵是托普利茨矩阵；若有一个不相等，则该矩阵不是托普利茨矩阵。

3. 参考代码

```
//判断是否为托普利茨矩阵
int isToeplitzMatrix(int **matrix,int m,int n)
{
    int i,j;
    for (i=1;i<m;i++)
        for (j=1;j<n;j++)
            if (matrix[i][j]!=matrix[i-1][j-1])
                return false;
    return true;
}
```

扫描二维码查看完整程序代码。

扫码查看 4.4.2.cpp

4. 功能测试

（1）矩阵是托普利茨矩阵，测试结果如图 4-17 所示。

图 4-17　托普利茨矩阵测试结果

（2）矩阵不是托普利茨矩阵，测试结果如图 4-18 所示。

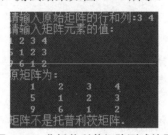

图 4-18　非托普利茨矩阵测试结果

第 5 章 树和二叉树

5.1 基础实践

5.1.1 二叉树的遍历

1. 实践目的

（1）理解二叉树的基本概念、数据结构的定义。
（2）掌握二叉树的四种遍历方法。
（3）能够编写二叉树的先序遍历、中序遍历、后序遍历三种遍历算法。

2. 实践内容

（1）实现创建二叉树操作。
（2）实现二叉树的先序遍历操作。
（3）实现二叉树的中序遍历操作。
（4）实现二叉树的后序遍历操作。

3. 数据结构设计

二叉树的二叉链表存储结构描述如下：

```
typedef struct BiTNode
{
    TelemType data;
    struct BiTNode  *lchild,*rchild;
}BiTNode,*BiTree;
```

需要说明的是在本实践中 TelemType 被定义为 char，其描述如下：

```
typedef char TelemType;
```

4. 实践方案

根据二叉树的定义，二叉树分为三部分：根节点（D）、左子树（L）、右子树（R）。按照对根访问的次序分为 DLR、LDR、LRD，产生先序遍历、中序遍历、后序遍历三种遍历方法。

（1）创建二叉树函数 CreateBiTree (&T)

由于二叉树是递归定义的，所以，要根据二叉树的某种遍历序列建立一棵二叉树的二叉链表存储结构，则可以模仿二叉树遍历的递归算法来加以实现。例如，输入的是一棵带空子树的二叉树的先序遍历序列，依次判断序列中的每个字符，若读入的字符是"#"，则建立空树，否则，利用先序遍历方法生成根节点，再调用递归函数实现左子树和右子树，从而创建二叉树函数。标明空子树的先序遍历序列可以明确二叉树中某个节点与其双亲、孩子和兄弟节点之间的关系，也就能够唯一确定一棵二叉树。

（2）先序遍历二叉树函数 Pretraverse (T)

二叉树的遍历是指沿着某条搜索路径对二叉树中的每个节点进行访问，使得每个节点均被访问且仅被访问一次。这里"访问"的含义很广泛，在解决实际问题中，可以进行各种不同的操作，在此实践中可以用来输出节点的信息。若二叉树为空树，则执行空操作，否则，先输出根节点信息，再先序遍历左子树，最后先序遍历右子树。

（3）中序遍历二叉树函数 Intraverse (T)

若二叉树为空树，则执行空操作，否则，先中序遍历左子树，再输出根节点信息，最后中序遍历右子树。

（4）后序遍历二叉树函数 Posttraverse (T)

若二叉树为空树，则执行空操作，否则，先后序遍历左子树，再后序遍历右子树，最后输出根节点信息。

5. **参考代码**

```
typedef char TElemType;
typedef struct BiTNode
{
   TElemType data;
   struct BiTNode *lchild,*rchild;//左右孩子指针
} BiTNode,*BiTree;

// 按先序次序输入二叉树中节点的值（一个字符），'#'字符表示空树
void CreateBiTree(BiTree &T)
{
    char ch;
    scanf("%c",&ch);
    if (ch=='#')
        T = NULL;
    else
    {
        T=(BiTree)malloc(sizeof(BiTNode));
    if (!T) return ;
    T->data = ch;
    CreateBiTree(T->lchild);
    CreateBiTree(T->rchild);
    }
 }

void Visit(TElemType e)
{
    printf("%c",&e);
}

// 先序遍历二叉树 T 的递归算法，Visit 是对数据元素操作（输出）的函数。
void PreOrderTraverse(BiTree T)
{
   if(T)
   {
    Visit(T->data);
    PreOrderTraverse(T->lchild);
    PreOrderTraverse(T->rchild);
    }
}
```

```c
// 中序遍历二叉树T的递归算法
void InOrderTraverse(BiTree T)
{
    if (T)
    {
        InOrderTraverse(T->lchild);
        Visit(T->data);
        InOrderTraverse(T->rchild) ;
    }
}

// 后序遍历二叉树T的递归算法
void PostOrderTraverse( BiTree T )
{
    if (T)
    {
        PostOrderTraverse(T->lchild);
        PostOrderTraverse(T->rchild);
        Visit(T->data);
    }
}

void main()
{
    BiTree T;
    printf("创建二叉树:");
    CreateBiTree(T);
    printf("先序遍历二叉树的遍历序列: ");
    PreOrderTraverse(T);
    printf("\n");
    printf("中序遍历二叉树的遍历序列: ");
    InOrderTraverse(T);
    printf("\n");
    printf("后序遍历二叉树的遍历序列: ");
    PostOrderTraverse(T);
    printf("\n");
}
```

6. 功能测试

输入只有一个节点的二叉树如图5-1所示，输出结果如图5-2所示。
输入带有左右子树的二叉树如图5-3所示，输出结果如图5-4所示。

图5-1 只有一个节点的二叉树

图5-2 只有一个节点的二叉树测试结果

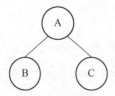

图5-3 带有左右子树的二叉树

图5-4 带有左右子树的二叉树测试结果

输入单分支的二叉树如图5-5所示，输出结果如图5-6所示。

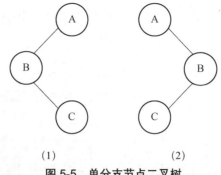

(1)　　　　　　　　　(2)

图 5-5　单分支节点二叉树

(1)　　　　　　　　　(2)

图 5-6　单分支节点二叉树测试结果

5.1.2　二叉树的应用

1. 实践目的

（1）掌握二叉树的遍历原理。

（2）能够利用二叉树的遍历，实现求二叉树的节点数的算法。

（3）能够利用二叉树的遍历，实现求二叉树的叶节点数的算法。

（4）能够利用二叉树的遍历，实现求二叉树的高度的算法。

（5）能够应用二叉树的遍历算法，解决一些实际问题。

2. 实践内容

利用 5.1.1 节介绍的创建二叉树的算法、先序遍历二叉树的算法来实现下列三个实践内容。

（1）实现计算二叉树的节点数操作。

（2）实现计算二叉树的叶节点数操作。

（3）实现计算二叉树的深度操作。

3. 数据结构设计

二叉树的二叉链表存储结构与 5.1.1 节中介绍的二叉链表存储结构一致。

4. 实践方案

按照对二叉树先序遍历的方法，把访问根节点的操作——输出根节点的值改成判断是否是叶节点、是否是节点及深度加 1 的应用。

（1）计算二叉树的节点数函数 BiTree_Num (T)

由于二叉树是递归定义的，所以，要根据二叉树的先序遍历模仿二叉树遍历的递归算法来加以实现。把访问二叉树变成节点数增加 1 的运算，再调用递归函数来实现求左子树节点和右子树节点之和。

（2）计算二叉树的节点数函数 BiTree_LeafNum (T)

该函数先把访问二叉树变成判断是否为空，为空则返回 0，否则再判断是否是叶节点，如果是叶节点则返回 1，否则调用递归函数来求左子树叶节点个数加右子树叶节点个数之和。

（3）计算二叉树的深度函数 BiTree_Deep(T)

该函数把访问二叉树变成判断是否为空节点，若为空则返回 0，否则调用递归函数来实现左子树和右子树的求深度算法，再将左子树和右子树的深度的最大者加 1。

5. 参考代码

```
typedef char TElemType;
typedef struct BiTNode
{
    TElemType data;
    struct BiTNode *lchild,*rchild;
} BiTNode,*BiTree;

int BiTree_LeafNum(BiTree T)
{
    if (T==NULL)
        return 0;
    else
      if(T->lchild==NULL&&T->rchild==NULL)
          return 1;
      else
     return  BiTree_LeafNum(T->lchild)+BiTree_LeafNum(T->rchild);
}

int BiTree_Num(BiTree T)
{
    if (T==NULL)
        return 0;
    else
        return  BiTree_Num(T->lchild)+BiTree_Num(T->rchild)+1;
}

int BiTree_Deep(BiTree T)
{
    if (T==NULL)
        return 0;
    else
    {
        int l=BiTree_Deep(T->lchild);
        int r=BiTree_Deep(T->rchild);
        if(l>r)
            return l+1;
        else
            return r+1;
    }
}
```

扫描二维码查看完整程序代码。

扫码查看 5.1.2.cpp

6. 功能测试

输入 AB#C##D#F##二叉树，有左右子树的二叉树测试结果如图 5-7 所示。

输入 ABC####二叉树，单分支的二叉树测试结果如图 5-8 所示。

图 5-7　有左右子树的二叉树测试结果

图 5-8　单分支的二叉树测试结果

5.2　基础进阶

5.2.1　二叉树所有节点交换左右子树

1. 实践目的

（1）能够理解二叉树二叉链的存储结构。

（2）能够正确编写二叉树左右节点交换的实现算法。

2. 实践内容

（1）实现创建二叉树操作。

（2）实现二叉树左右子树交换操作。

（3）实现中序遍历二叉树操作。

3. 数据结构设计

二叉树的存储结构与 5.1.1 节中定义的存储结构相同。

4. 实践方案

在 5.1.1 节介绍的二叉树的基本算法的基础上，创建二叉树、遍历二叉树等算法，可以在通过二叉树遍历过程中实现交换二叉树的左、右子树。

（1）创建二叉树函数 create (BiTree &T)

创建二叉树函数与 5.1.1 节中介绍的创建函数相同。

（2）交换左右子树函数 Exchange (BiTree &T)

按先序遍历过程判断二叉树是否为空，若为空则返回，否则对其左子树进行递归调用交换算法，再对其右子树进行递归调用交换算法。

（3）中序遍历二叉树函数 InOrderTraverse (BiTree　T)

中序遍历二叉树函数与 5.1.1 节中介绍的中序遍历函数相同，中序遍历二叉树函数对交换前、后的二叉树进行中序遍历，输出其遍历序列。

5. 参考代码

```
void CreateBiTree(BiTree &T)
{
   char ch;
   scanf("%c",&ch);
   if (ch=='#') T = NULL;
   else
    {
       if (!(T = new BiTNode)) return ;
       T->data = ch;
       CreateBiTree(T->lchild);
       CreateBiTree(T->rchild);
    }
}

void Exchange(BiTree &T)
{
   BiTree p;
   if(T)
    {
      p=T->lchild;
      T->lchild=T->rchild;
      T->rchild=p;
      Exchange(T->lchild);
      Exchange(T->rchild);
    }
}

void InOrderTraverse( BiTree T )
{
    if (T)
    {
        InOrderTraverse(T->lchild);
        Visit(T->data);
        InOrderTraverse(T->rchild) ;
    }
}
```

扫描二维码查看完整程序代码。

扫码查看 5.2.1.cpp

6. 功能测试

输入 AB#C##D#F##二叉树，输出二叉树左右子树交换前、后的中序遍历序列如图 5-9 所示。

本实践输入的二叉树及交换后的二叉树如图 5-10 所示，从两个图中可以验证本实践结果正确。

图 5-9　输出二叉树左右子树交换前、后的中序遍历序列

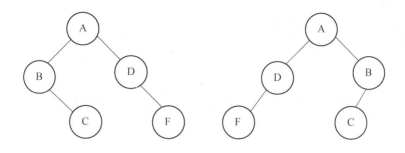

图 5-10 输入的二叉树及交换后的二叉树

5.2.2 二叉树的非递归遍历

1. 实践目的

（1）能够正确应用栈来存放二叉树节点。
（2）能够正确编写二叉树三种遍历方法的非递归实现算法。

2. 实践内容

（1）实现栈的初始化操作。
（2）实现栈的入栈操作。
（3）实现栈的出栈操作。
（4）实现判断栈是否为空操作。
（5）实现创建二叉树操作。
（6）实现非递归先序遍历二叉树操作。
（7）实现非递归中序遍历二叉树操作。
（8）实现非递归后序遍历二叉树操作。

3. 数据结构设计

二叉树的二叉链表存储结构及栈的存储结构描述如下：

```
typedef struct BiTNode
{
    TelemType data;
    struct BiTNode *lchild,*rchild;
}BiTNode,*BiTree;
typedef struct stack
{
    BiTree base;
    BiTree top;
    int stacksize;
}SqStack;
```

4. 实践方案

（1）创建二叉树函数 CreateBiTree (&T)
与 5.1.1 节中介绍的 CreateBiTree(&T)函数一致。
（2）栈的相关函数
参考第 2 章中介绍的顺序栈算法。
（3）先序遍历二叉树函数 PreOrder (T)
进行先序遍历时要先访问根节点，然后访问左子树以及右子树，这明显是递归定义，但这里要用栈来实现。首先需要从栈顶取出节点,然后访问该节点,如果该节点不为空,则访问该节点,同时把该节点的右子树先入栈,然后将左子树入栈。循环结束的条件是栈中不再有节点,即!Empty(S)。

(4) 中序遍历二叉树函数 InOrder (T)

进行中序遍历时要先遍历左子树,然后遍历根节点,最后遍历右子树,所以需要先把根节点入栈然后一直把左子树入栈,直到左子树为空,此时停止入栈。栈顶节点就是我们需要访问的节点,取栈顶节点 p 并访问。因为该节点可能有右子树,所以访问完节点 p 后还要判断 p 的右子树是否为空,如果为空则接下来要访问的节点在栈顶,所以将 p 赋值为 null。如果不为空则将 p 赋值为其右子树的值。循环结束的条件是 p 不为空或者栈不为空。

(5) 后序遍历二叉树函数 PostOrder (T)

在进行后序遍历的时候先要遍历左子树,然后遍历右子树,最后才遍历根节点。所以在非递归的实现中要先把根节点入栈,然后把左子树入栈直到左子树为空,此时停止入栈。此时栈顶就是需要访问的元素,所以直接访问 p。在访问结束后,还要判断被访问的节点 p 是否为栈顶节点的左子树,如果是的话那么还需要访问栈顶节点的右子树,所以将栈顶节点的右子树取出并赋值给 p。如果不是则说明栈顶节点的右子树已经访问完了,那么现在就可以访问栈顶节点了,所以此时将 p 赋值为 null。判断结束的条件是 p 不为空或者栈不为空,如果两个条件都不满足,则说明所有节点都已经访问完成。

5. 参考代码

```c
void InOrder(BiTree T,SqStack &S)
{
    BiTree p = T;
    if(p==NULL) return;
    while(p != null || !Empty(S))
    {
        if (p != null)
        {
            Push(S,p);
            p = p->lchild;
        }
        else
        {
            Pop(S,p);
            printf("%c",p->data);
            p = p->rchild;
        }
    }
}

void PreOrder(BiTree T,SqStack &S)
{
    if(T==NULL) return;
    while(T || !Empty(S))
    {
        if (T)
        {
            printf("%c",T->data);
            Push(S,T);
            T =T->lchild;
        }
        else
```

```
        {
            Pop(S,T);
            T =T->rchild;
        }
    }
}
void PostOrder(BiTree T,SqStack &S)
{
    BiTree r=NULL;
    while(T||!Empty(S))
    {
      if(T)
      {
          Push(S,T);
          T =T->lchild;
      }
      else
      {
          T=top(S);
          if(T->rchild &&T->rchild!=r)
          {
             T =T->rchild;
             Push(S,T);
             T=T->lchild;
          }
          else
          {
             Pop(S,T);
             printf("%c",T->data);
             r=T;
             T=NULL;
          }
      }
    }
}
```

扫描二维码查看完整程序代码。

扫码查看 5.2.2.cpp

6. 功能测试

输入 AB#C###，创建二叉树，三种遍历的非递归算法输出测试结果如图 5-11 所示。

图 5-11 三种遍历的非递归算法输出测试结果

5.2.3 哈夫曼树创建与编码

1. 实践目的

（1）掌握哈夫曼树的基本原理及构造过程。
（2）能够对哈夫曼树进行编码，并设计哈夫曼编码算法。
（3）能够利用哈夫曼树进行一定的应用，并能解决实际问题。

2. 实践内容

利用静态链表建立哈夫曼树，在建树过程中要求左子树的权值小于右子树的权值，再求各节点的编码。叶子节点的个数 n 及节点值由键盘录入。

（1）实现创建哈夫曼树操作。

（2）实现在森林中找两棵最小值树操作。

（3）实现对每个叶节点的哈夫曼编码操作。

（4）实现输出哈夫曼编码操作。

3. 数据结构设计

```
typedef struct Huffman
{
    int weight; //权重
    int parent, lch, rch;
}HuffmanNode,*HuffmanTree;
```

4. 实践方案

（1）创建哈夫曼树函数 HuffmanTree CreateHuffman (int m[], int n)

根据给定的 n 个权值 $\{w_1, w_2, \cdots\cdots, w_n\}$，构造 n 棵只有根节点的二叉树。然后从 $n+1$ 开始在森林中选取两棵没有双亲节点且根节点权值最小和次小的二叉树做左、右子树，构造一棵新的二叉树，新二叉树根节点权值为其左右子树根节点权值之和且最小权值树为左孩子、次小权值树为右孩子，并且左右孩子双亲为新节点。重复上述步骤，直到只有一棵树没有双亲为止，这棵树即哈夫曼树。

（2）找最小值和次小值函数 Select (HuffmanTree HT, int len, int &s1, int &s2)

设一个变量 min1 为最小值并赋值且下标为 s1，在前 $i-1$ 个权值中找有没有比这个值更小的，如果有，则让 min1 等于新的权值，s1 为其下标。同理，去掉 min1 这个最小值权值节点，在其余的节点中去找最小值也就是次小值 min2，下标为 s2。

（3）生成哈夫曼编码函数 CreatHuffmanCode (HuffmanTree HT, HuffmanCode &HC, int n)

设一个临时变量 cd 字符数组，对每个叶节点也就是前 n 个节点，判断其双亲节点是否为 0，若不为 0，则判断是其左子树还是右子树，若是左子树，则 cd[start--]='0'；若是右子树，则 cd[start--]='1'；继续找双亲的双亲，直到双亲为 0 时结束。最后把 cd 字符串赋值给 HC[i]，继续循环执行 n 次结束。

（4）输出每个叶节点的编码函数 Show (HuffmanTree HT, HuffmanCode HC, int n)

该函数用于循环输出每个叶节点的 HC 数组值。

5. 参考代码

```
#include<string.h>
typedef struct
{
   int weight;
   int parent,lchild,rchild;
}HTNode,*HuffmanTree;
typedef char **HuffmanCode;
void Select(HuffmanTree HT,int len,int &s1,int &s2)
{
   int i,min1=0x3f3f3f3f,min2=0x3f3f3f3f;//先赋予最小值
   for(i=1;i<=len;i++)
   {
```

```
            if(HT[i].weight<min1&&HT[i].parent==0)
            {
               min1=HT[i].weight;
               s1=i;
            }
        }
        int temp=HT[s1].weight;//将原值存放起来,防止 s1 被重复选择
        HT[s1].weight=0x3f3f3f3f;
        for(i=1;i<=len;i++)
        {
           if(HT[i].weight<min2&&HT[i].parent==0)
           {
              min2=HT[i].weight;
              s2=i;
           }
        }
        HT[s1].weight=temp;//恢复原来的值
}

//构造哈夫曼树 HT
void CreatHuffmanTree(HuffmanTree &HT,int n)
{
    int m,s1,s2,i;
    if(n<=1) return;
    m=2*n-1;
    HT=(HuffmanTree)malloc((m+1)*sizeof(HTNode));
    for(i=1;i<=m;++i)
    {
        HT[i].parent=0;
        HT[i].lchild=0;
        HT[i].rchild=0;
    }
    printf("请输入叶子节点的权值:\n");
    for(i=1;i<=n;++i)
       scanf("%d",&HT[i].weight);
    for(i=n+1;i<=m;++i)
    {
       Select(HT,i-1,s1,s2);
       HT[s1].parent=i;
       HT[s2].parent=i;
       HT[i].lchild=s1;
       HT[i].rchild=s2 ;
       HT[i].weight=HT[s1].weight+HT[s2].weight;
    }
}

//生成建哈夫曼编码
void CreatHuffmanCode(HuffmanTree HT,HuffmanCode &HC,int n)
{
   int i,start,c,f;
   HC=new char *[n+1];
   char *cd=new char[n];
   cd[n-1]='\0';
   for(i=1;i<=n;++i)
   {
       start=n-1;
       c=i;
       f=HT[i].parent;
       while(f!=0)
```

```
        {
            --start;
            if(HT[f].lchild==c)
                cd[start]='0';
            else
                cd[start]='1';
        c=f;
        f=HT[f].parent;
        }
    HC[i]=new char[n-start];
    strcpy(HC[i], &cd[start]);
    }
  delete cd;
}
//输出每个叶节点的哈夫曼编码
void show(HuffmanTree HT,HuffmanCode HC,int n)
{
    for(int i=1;i<=n;i++)
        printf("%d 编码为%s\n",HT[i].weight,HC[i]);
}
```

扫描二维码查看完整程序代码。

扫码查看 5.2.3.cpp

6. 功能测试

输入 8 个叶节点的权值分别为 5、8、2、4、10、21、9、12，构造哈夫曼树，输出每个节点的哈夫曼编码如图 5-12 所示。

图 5-12 输出每个节点的哈夫曼编码

5.2.4 家庭族谱树的构造*

1. 实践目的

（1）帮助学生了解家庭族谱的意义，继承家族的传统美德，弘扬家族的优秀文化。

（2）培养学生坚定理想信念，不断提高自身能力，主动承担起家族的责任，努力提高家族的文化底蕴和人文素养，能够把人生价值追求融入国家与民族事业中。

(3) 掌握用树节点存储字符串的基本原理和方法。

(4) 能够运用树的基本算法实现,正确编写家庭族谱树形结构的操作算法。

2. 实践背景

自古以来,家族与国家之间的联系密不可分。从家族到国家,这是一个漫长的过程,也是一个充满责任与使命的过程。在这个过程中,每个人都应该怀揣着家国情怀,为家族的繁荣昌盛和国家的富强昌盛贡献自己的力量。

家国情怀,首先体现在对家族的责任。每一个家族都是国家的一份子,家族的繁荣昌盛关系到国家的稳定与发展。因此,我们应该承担起对家族的责任,努力提高家族的经济实力、文化底蕴和人文素养,使家族成为国家的一道亮丽风景线。同时,我们还应该关注家族的传统美德,弘扬家族的优秀文化,将家族的优良传统传承下去。

家国情怀,其次体现在对国家的使命。每一个国家都是由无数个家族组成的,国家的富强昌盛离不开每个家族的支持。因此,我们应该承担起对国家的使命,为国家的繁荣昌盛贡献自己的力量。

家国情怀是一种崇高的精神境界,它要求我们在家族和国家的责任与使命中找到自己的位置,为家庭的幸福、国家繁荣、社会的和谐和世界的和平而努力奋斗。

3. 实践内容

本实践项目以唐宋八大家中的曾巩为例,采用目录树结构的方法建立曾巩的部分家庭关系,如图 5-13 所示。

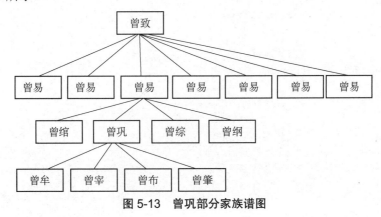

图 5-13 曾巩部分家族谱图

(1) 实现以孩子兄弟表示法创建树操作。

(2) 实现遍历家族树操作。

4. 数据结构设计

```
typedef struct BiTNode
{
    char data[10];
    struct BiTNode *firstchild,*nextsibling;
}CSNode,*CSTree;
```

5. 实践方案

曾巩家族树是一棵普通树，不是二叉树，子树的节点数不确定，本实践用孩子兄弟表示法的二叉链表的存储结构来描述曾巩家族树的树形结构。

（1）创建家族树函数 CreateTree (CSTree &T)

首先建立根节点，然后在扫描每个节点的数据时逐层将节点插入相应的链表中。根据输入的名字构建树的各个节点，当输入"#"时，做空树处理，其他字符则生成新节点。

（2）遍历家族树函数 RDLTraverse (CSTree T, int n)

对二叉树进行凹入形式先右后左的顺序遍历，输出所有的曾氏家族名字。

6. 参考代码

```c
typedef struct CSNode
{
    char name[100];
    struct CSNode *FirstChild,*NextSibling;
}CSNode,*CSTree;

void CreateTree(CSTree &T)
{
    char ch[10];
    scanf("%c",&ch);
    if(strcmp(ch,"#")==0)
        T=NULL;
    else
    {
        T=(CSTree)malloc(sizeof(CSNode));
        strcpy(T->name,ch);
        CreateTree(T->FirstChild);
        CreateTree(T->NextSibling);
    }
}

//遍历家族树：对二叉树右、根、左遍历
void RDLTraverse( CSTree T )
{
    if(T)
    {
        printf("%s\t",T->name);
        RDLTraverse(T->FirstChild);
        RDLTraverse(T->NextSibling);
    }
}
```

扫描二维码查看完整程序代码。

扫码查看 5.2.4.cpp

7. 功能测试

以二叉树的形式输入曾氏家族各人物名字，创建家族谱树，以凹入形式先右后左输出各人物名字，如图 5-14 所示。

```
请输入曾氏家族姓名:
曾致尧 曾易从 # 曾易知 # 曾易占  曾绾 # 曾巩  曾牟 # 曾宰 # 曾布 # 曾肇 # # 曾综 # 曾纲 # # 曾易简 # 曾易直 # # #
输出曾氏家族谱
-曾致尧
------曾易直
-----曾易简
----曾易占
--------曾纲
-------曾综
------曾巩
----------曾肇
---------曾布
--------曾宰
-------曾牟
-----曾绾
---曾易知
--曾易从

Press any key to continue
```

图 5-14　曾巩家族人物凹入形式输出测试结果

5.3　竞赛进阶

5.3.1　从先序与中序遍历序列中构造二叉树

1. 实践内容【LeetCode 105】

给定两个整数数组 preorder 和 inorder，其中 preorder 是二叉树的先序遍历，inorder 是同一棵树的中序遍历，请构造二叉树。

（1）实现创建二叉树操作。

（2）实现中序遍历二叉树操作。

2. 实践方案

（1）创建二叉树函数 CreateTree (BiTree &T)

① 若序列为空，则二叉树为空。

② 若序列不为空，则由先序序列的第一个节点得到二叉树的根节点。

③ 由上述②的根节点把中序序列分为左子树的中序序列和右子树的中序序列两个部分。

④ 根据上述左子树的中序序列个数找到对应的左子树先序序列和右子树的先序序列。

⑤ 按上述②、③、④同样的方法依次类推，直到所得左、右子树只含一个节点为止。

（2）中序遍历二叉树函数 InOrder(BiTree &T)

中序遍历二叉树与 5.1.1 节中介绍的中序遍历二叉树相同。

3. 参考代码

```
#include<stdio.h>
#include<stdlib.h>
typedef struct BiTNode
{
   int data;
   struct BiTNode *lchild,*rchild;
}BiTNode,*BiTree;

BiTree CreateTree(int *preorder, int *inorder, int n)
```

```c
{
    int *p,*q,i;
    BiTree root;
    if(n<=0)
        return NULL;
    root=(BiTree)malloc(sizeof(BiTNode));
    root->data=preorder[0];
    root->lchild=root->rchild=NULL;
    i=0;
    while(i<n)
    {
        if(preorder[0]==inorder[i])
            break;
        ++i;
    }
    p=preorder+1;
    q=inorder;
    root->lchild=CreateTree(p,q,i);
    p=preorder+i+1;
    q=inorder+i+1;
    root->rchild=CreateTree(p,q,n-i-1);
    return root;
}
```

扫描二维码查看完整程序代码。

扫码查看 5.3.1.cpp

4. 功能测试

先输入先序遍历序列 5 个整数，然后输入中序遍历序列 5 个整数，执行二叉树恢复函数，就可以构造一个二叉树，最后输出此二叉树的后序遍历序列。

结果如图 5-15 所示。

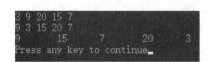

图 5-15　中序遍历序列测试结果

5.3.2　FBI 树

1. 实践内容【蓝桥杯练习题第 27 题】

本实践将由 "0" 和 "1" 组成的字符串分为三类：全 "0" 串称为 B 串，全 "1" 串称为 I 串，既含 "0" 又含 "1" 的串则称为 F 串。

FBI 树是一棵二叉树，它的节点类型也包括 F 节点、B 节点和 I 节点三种。

由一个长度为 2N 的 "01" 串 S 可以构造出一棵 FBI 树 T，递归的构造方法如下。

（1）T 的根节点为 R，其类型与串 S 的类型相同。

（2）若串 S 的长度大于 1，则将串 S 从中间分开，分为等长的左右子串 S1 和 S2；由左子串 S1 构造 R 的左子树 T1，由右子串 S2 构造 R 的右子树 T2。

（3）现在给定一个长度为 2N 的"01"串，请用上述构造方法构造出一棵 FBI 树，并输出它的后序遍历序列。

输入格式：

第一行是一个整数 N（0≤N≤10），第二行是一个长度为 2N 的"01"串。

输出格式：

包括一行，这一行只包含一个字符串，即 FBI 树的后序遍历序列。

样例输入：

```
3
10001011
样例输出
IBFBBBFIBFIIIFF
```

数据规模和约定：

对于 40%的数据，N≤2；

对于全部的数据，N≤10。

2. 实践方案

（1）创建 FBI 树函数 Create (int a, int b)

因为想知道该节点的值，所以必须从左右节点下手，从下到上的左右根的顺序刚好是符合后序遍历的规则的。

① T 的根节点为 R，其类型与串 S 的类型相同。

② 若串 S 的长度大于 1，则将串 S 从中间分开，分为等长的左右子串 S1 和 S2；由左子串 S1 构造 R 的左子树 T1，由右子串 S2 构造 R 的右子树 T2。

（2）后序遍历输出 FBI 树函数 Display (BiTNode *p)

按照写的数字顺序看该过程就是整个树构造的递归过程。过程中返回的顺序就是后序遍历，这个时候输出的就是想要的答案，递归完后的树就是想要的树。

3. 参考代码

```c
#include <stdio.h>
char in[1025];
typedef struct node
{
    char data;
    struct node *lchild,*rchild;
}BiTNode,*BiTree;
BiTNode *Create(int a,int b)
{
    char ch;
    BiTNode *p;
    int i,count0=0,count1=0,flag=0;
    if(a==b)
    {
        (in[a]=='0')?(ch='B'):(ch='I');
        p=(BiTNode *)malloc(sizeof(BiTNode));
        p->data=ch;
```

```
            p->lchild=NULL;
            p->rchild=NULL;
            return p;
        }
        for(i=a;i<=b;i++)
        {
            (in[i]=='0')?(count0++):(count1++);
            if(count0 && count1)
            {
                ch='F';
                flag=1;
                break;
            }
        }
        if(!flag)
        {
            if(!count0)
                ch='I';
            else
                ch='B';
        }
        p=(BiTNode *)malloc(sizeof(BiTNode));
        p->data=ch;
        p->lchild=Create(a,((b+1)-a)/2+a-1);
        p->rchild=Create(((b+1)-a)/2+a,b);
        return p;
    }
    void Display(BiTNode *p)
    {
        if(!p)
            return;
        display(p->lchild);
        display(p->rchild);
        printf("%c",p->data);
    }
```

扫描二维码查看完整程序代码。

扫码查看 5.3.2.cpp

4. 功能测试

输入一个整数 $N=3$，第二行是一个长度为 2 的 N 次方的 "01" 串，输出这一行只包含一个字符串，即 FBI 树的后序遍历序列。结果如图 5-16 所示。

3
10001011

图 5-16 FBI 图测试结果

5.4 考研进阶

5.4.1 子孙节点的判断

1. 实践内容【2022 年广西科技大学研究生入学考试题】

设二叉树采用二叉链表存储结构，已知指针 p 和 s 分别指向二叉树中的两个节点，请编写算法判断 s 所指节点是否为 p 所指节点的子孙。节点类型如下：

```
typedef struct BTNode
{
    ElemType data;
    struct BTNode *lchild,*rchild;
}BTNode,*BiTree;
```

分析题目要求，其实就是要实现下列操作：
（1）实现创建二叉树操作。
（2）实现判断二叉树一个节点是否是另一个节点的子孙节点操作。

2. 实践方案

（1）创建二叉树函数 CreateBiTree (BiTree &T)

创建二叉树函数与 5.1.1 节中介绍的创建函数相同。

（2）判断是否是子孙节点函数 ChildSun (BiTree p, BiTree s)

利用先序遍历的算法从 p 所指向的节点开始遍历，在遍历过程中对节点进行判断，即判断是否等于 s，如果等于则说明 s 为 p 的子孙节点，返回 1，否则，若 p 的左指针不为空，如果 ChildSun（p->lchild,s）为真则返回 1；若 p 的右指针不为空，如果 ChildSun（p->rchild,s）为真则返回 1。若都不满足条件，则返回 0。

3. 参考代码

```
typedef struct BiTNode
{
    char data;
    struct BiTNode *lchild,*rchild;
}BiTNode,*BiTree;

void CreateBiTree(BiTree &T)
{
 char ch;
 scanf("%c",&ch);
 if (ch=='#') T = NULL;
 else
{
   T = (BiTree)malloc(sizeof(BiTNode));
   T->data = ch;
   CreateBiTree(T->lchild);
   CreateBiTree(T->rchild);
  }
 }
```

```
int ChildSun( BiTree p,BiTree s )
{
  if (p==s)
     return 1;
  else
  {
   if(p->lchild)
      if(ChildSun(p->lchild,s))
         return 1;
   if(p->rchild)
      if(ChildSun(p->rchild,s))
         return 1;
   }
  return 0;
}
```

扫描二维码查看完整程序代码。

扫码查看 5.4.1.cpp

4. 功能测试

按上面的参考程序，子孙节点判断测试结果如图 5-17 所示。

图 5-17　子孙节点判断测试结果

5.4.2　将表达式树转变成等价的中缀表达式

1. 实践内容【2017 年全国硕士研究生入学考试 408 试题】

设计一个算法，将给定表达式树（二叉树）转变成等价的中缀表达式（通过括号来反映操作符的计算顺序）并输出。例如，当如图 5-18 所示两棵表达式树作为算法的输入时，输出的等价中缀表达式分别为(a+b)*(c*(-d))和(a*b)+(-(c-d))。

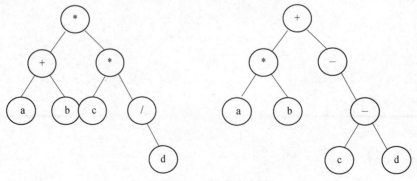

图 5-18　两棵表达式树

二叉树节点定义如下：

```
typedef struct BiTNode
{
    char data;
    struct BiTNode *lchild,*rchild;
}BiTNode,*BiTree;
```

分析题目要求写出基本算法。

2. **实践方案**

二叉树的中序序列加上必要的括号即为等价的中缀表达式。可以基于二叉树的中序遍历策略得到所需的表达式，类似于二叉树的中序遍历。二叉树中分支节点所对应的子树的计算次序，由该分支节点所处的位置决定。为得到正确的中缀表达式，需要在生成遍历序列的同时，在适当位置增加必要的括号。显然，表达式的最外层（对应根节点）和操作数（对应叶子节点）不需要加括号。

将二叉树的中序遍历递归算法稍加修改即可得到本题答案。除根节点和叶子节点外，遍历到其他节点时在遍历其左子树之前要加上左括号，遍历完右子树后要加上右括号。

（1）创建二叉树函数 CreateBiTree (BiTree &T)

创建二叉树函数与 5.1.1 节中介绍的创建函数相同。

（2）深度为 deep 的二叉树转变成表达式函数 BtreeToExp (BiTree t, int deep)

根据中序遍历算法的思想，若为叶节点，直接输出字符，否则，在其左子树之前加左括号，在右子树之后加右括号，直到遍历完成。

（3）二叉树转变成表达式函数 BtreeToE (BiTree t)

根据表达式树的深度，直接调用函数 BtreeToExp (BiTree t, int deep)。

3. **参考代码**

```
typedef struct BiTNode
{
    char data;
    struct BiTNode *lchild,*rchild;
}BiTNode,*BiTree;
void CreateBiTree(BiTree &T)
{
   char ch;
   scanf("%c",&ch);
   if (ch=='#') T = NULL;
   else
{
    if (!(T = new BiTNode)) return ;
    T->data = ch;
    CreateBiTree(T->lchild);
    CreateBiTree(T->rchild);
  }
 }
void BtreeToExp(BiTree t,int deep)
{
   if(t==NULL)return;
   else
      if(t->lchild==NULL&&t->rchild==NULL)
         printf("%c",t->data);
      else
         if(deep>1)
```

```
            {
                printf("(");
                BtreeToExp(t->lchild,deep+1);
             printf("%c",t->data);
                BtreeToExp(t->rchild,deep+1);
                if(deep>1) printf(")");     //若有子表达式则加 1 层右括号
            }
}
void BtreeToE( BiTree t)
{
    BtreeToExp(t,4);            //根的高度为 1
}
```

扫描二维码查看完整程序代码。

扫码查看 5.4.2.cpp

4. 功能测试

输入上述要求的二叉树，测试结果如图 5-19 所示。

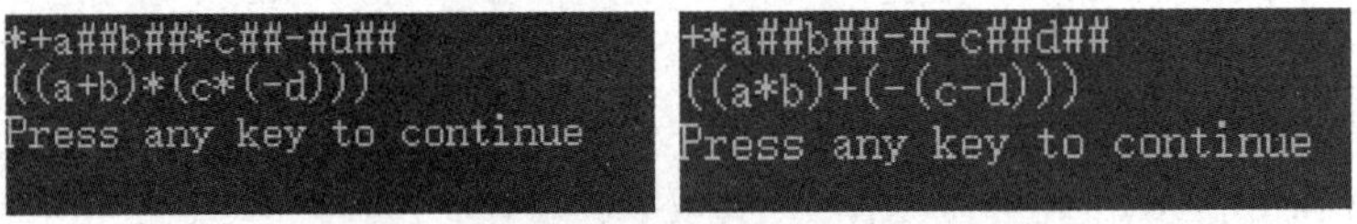

图 5-19 二叉树转中缀表达式输出测试结果

第6章 图

6.1 基础实践

6.1.1 图的深度优先遍历

1. 实践目的

（1）掌握描述图的邻接表的存储。
（2）能够编写对邻接表存储的图进行深度优先搜索遍历的实现算法。
（3）能够编写程序验证深度优先搜索遍历算法的正确性。

2. 实践内容

（1）实现创建有向图的操作。
（2）实现深度优先搜索遍历操作。

3. 数据结构设计

图的存储结构描述如下：

```
typedef struct ArcNode
{
  int adjvex;              //该弧所指向的顶点的位置
  struct ArcNode *nextarc; //指向下一条弧的指针
}ArcNode;        //弧节点
typedef struct
{
  ArcNode *AdjList[MAX_VERTEX_NUM];
  int vexnum,arcnum;
}ALGraph;
```

4. 实践方案

（1）创建图的函数 CreateGraph(ALGraph &graph)

图的邻接表表示法类似于树的孩子链表表示法。对于图 G 中的每个顶点 v_i，该方法把所有邻接于 v_i 的顶点 v_j 链成一个带头节点的单链表，这个单链表就称为顶点 v_j 的邻接表。单链表中的每个节点至少包含两个域，一个为邻接点域，它指示与顶点 v_i 邻接的顶点在图中的位序；另一个为链域，它指示与顶点 v_i 邻接的下一个节点。在每个链表上需附设一个表头节点，在表头节点中，除了设有头指针域（firstarc）指向链表中的第一个节点之外，还设有存储顶点 v_i 的数据域（vertex）或其他有关信息的数据域。

在创建过程中，首先要输入该图所拥有的顶点数和边数，之后依次输入依附于一条边的顶点，因为该图为无向图，所以只输入一次即可，找到两个顶点在顶点数组中的下标，之后创建新节点，利用头插法将其插入到分别以两个顶点为头的链表上。

（2）深度优先搜索遍历图函数 DFSTraverse (ALGraph G)

用深度优先搜索策略遍历一个图类似于树的前序遍历，对于一个图 $G=(V, E)$，首先将图中的每一个顶点都标记为未访问，然后选取一个源点 v，将其标为已访问，再递归地用深度优先搜索方法，依次搜索该点的所有邻接点 w。若 w 未曾被访问，则以 w 为源点继续进行深度优先遍历，如果从 v 出发的所有路的顶点都已被访问过，则从 v 开始的搜索过程结束。此时如果图中还有未被访问的顶点（该图有多个连通分量或强连通分量），则再任选一个未被访问过的顶点，从这个顶点开始新的搜索，直到 V 中所有顶点都已被访问过为止。

首先，先将代表是否访问过该顶点的标志数组 visited 进行初始化，然后随便选取一个顶点作为第一个访问的顶点，调用 DFS 函数，并利用 visited 数组进行标记，之后找到它的下一个未曾访问过的邻接点，进行递归调用 DFS 函数。

（3）深度优先遍历函数 DFS (ALGraph, int v)

从顶点 v 出发开始遍历，将其标记为已访问，再递归地用深度优先搜索方法，依次搜索该点的链表中的顶点，即邻接点 w。若 w 未曾被访问，则以 w 为源点继续进行深度优先遍历，直到节点为 0。

5. 参考代码

```
struct ArcNode
{
    int adjvex;              //该弧所指向的顶点的位置
    ArcNode * next;          //指向下一条弧的指针
};
typedef struct VNode
{
    int vertex;              //顶点信息
    ArcNode * firstarc;      //指向第一条依附该顶点的弧的指针
}AdjList[20];
struct ALGraph
{
    AdjList adjList;
    int vexNum;              //图的顶点数
    int arcNum;              //图的弧数
};
int visited[20];//设置标志数组

void CreateGraph(ALGraph & graph)
{
  int i;
  printf("请输入顶点数、边数：");
  scanf("%d%d",&graph.vexNum,&graph.arcNum);
  printf("请输入各顶点信息：");
  for (i = 0; i < graph.vexNum; i++)
    {
        scanf("%d",&graph.adjList[i].vertex);
        graph.adjList[i].firstarc = NULL;
    }
    int h1,h2;
    ArcNode * temp;
  printf("请输入边（边的邻接顶点对）");
   for (i = 0; i < graph.arcNum; i++)
     {
        scanf("%d%d",&h1,&h2);
```

```cpp
            temp = new ArcNode;
            temp->adjvex = h2;
            temp->next = graph.adjList[h1].firstarc;
            graph.adjList[h1].firstarc = temp;
            temp = new ArcNode;
            temp->adjvex = h1;
            temp->next = graph.adjList[h2].firstarc;
            graph.adjList[h2].firstarc = temp;
        }
}

void DFS(ALGraph & graph, int v)
{
    visited[v] = 1;
    printf("%d ",graph.adjList[v].vertex);
    ArcNode *p = graph.adjList[v].firstarc;
    while (p)
    {
        if (!visited[p->adjvex])
            DFS(graph, p->adjvex);
        p = p->next;
    }
}

void DFSTraverse(ALGraph & graph,int k)
{
    for (int i = 0; i < graph.vexNum; i++)//初始化访问标志数组
        visited[i] = 0;
    DFS(graph,k);
    for (i = 0; i < graph.vexNum; i++)
    {
        if (!visited[i])//如果没有访问
            DFS(graph, i);
    }
}

int main()
{
    int  temp_1;
    ALGraph graph;
    CreateGraph(graph);
    printf("请输入起始顶点:");
    scanf("%d",&temp_1);
    DFSTraverse(graph,temp_1);
    cout<<endl;
    return 0;
}
```

6. 功能测试

先输入顶点数和边数,然后依次输入边的邻接顶点,最后输出深度优先遍历序列,如图 6-1 所示。

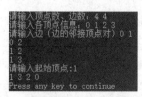

图 6-1　深度优先遍历序列测试结果

6.1.2 图的广度优先遍历

1. 实践目的
（1）能够正确描述图的邻接矩阵存储。
（2）能够编写对邻接矩阵存储的图进行广度优先搜索遍历的实现算法。
（3）能够编写程序验证广度优先搜索遍历算法的正确性。

2. 实践内容
（1）实现用邻接矩阵作为图的存储表示创建图的操作。
（2）实现图的信息输出操作。
（3）实现图的广度优先搜索遍历操作。

3. 数据结构设计

```
typedef struct
{
    VertexType vexs[MAX];
    EdgeType arc[MAX][MAX];
    int numVertexes,numEdges;
}MGraph;
typedef struct QNode
{
    QElemType data;
    struct QNode *next;
}QNode,*QueuePtr;
typedef struct
{
    QueuePtr front,rear;
}LinkQueue;
```

4. 实践方案
首先使用队列的数据结构，将一个顶点加入队列，然后在队列中删除顶点并输出该顶点，并且将该顶点相连的所有顶点依次加入队列中，再循环处理这些顶点，直至所有顶点均被访问（类似树的层次遍历）。

（1）创建图函数 Create (MGraph *G)

创建无向图时，先要输入顶点数 n 和边数 e，然后再输入 n 个顶点值和 e 条边。本实践是输入顶点下标对及边的权值，由于该图是无向图，所以矩阵是对称的。

（2）输出图函数 Output (MGraph *G)

由于图中的顶点信息是用数组存储的，所以通过循环输出图的 n 个顶点；图中边信息是用矩阵存储的，其实就是二维数组，所以通过双重循环输出二维数组——图的邻接矩阵。

（3）初始化队列函数 InitQueue (LinkQueue &Q)

初始化队列函数与 2.1.4 节中介绍的链队初始化函数相同。

（4）入队列函数 EnQueue (LinkQueue &Q,int i)

入队列函数与 2.1.4 节中介绍的链队入队函数相同。

（5）判断队列是否为空函数 QueueEmpty (LinkQueue Q)

判断队列是否为空函数与 2.1.4 节中介绍的链队断空函数相同。

（6）出队列函数 DeQueue (LinkQueue *Q,int *i)

出队列函数与 2.1.4 节中介绍的链队出队函数相同。

（7）广度优先遍历函数 BFSTraverse (MGraph G)

广度优先搜索策略遍历一个图类似于树的层次遍历，对于一个图 $G=(V, E)$，从图中的某个源点 v 出发，在访问了顶点 v 之后，接着就尽可能横向搜索 v 的所有邻接点。在依次访问 v 的各个未被访问过的邻接点 w_1、w_2、$\cdots$、w_k 之后，分别从这些邻接点出发依次访问与 w_1、w_2、$\cdots$、w_k 邻接的所有未曾访问过的顶点。依此类推，直至图中所有和源点 v 有路径相通的顶点都已被访问过为止，此时从 v 开始的搜索过程结束。若 G 是连通图，则遍历完成；否则，在 G 中另选一个尚未访问过的顶点作为新的源点继续上述搜索过程，直至 G 中所有顶点均被访问完为止。

首先，先将表示是否访问过该顶点的标志数组 visited 进行初始化，然后随便选取一个顶点作为第一个访问的顶点，并在 visited 数组中进行标记。设置一个队列，用来存储已经访问过的顶点。输出第一个顶点值，并将其进队。找到队头元素，顺势将其出队，并找到它的邻接点，输出未曾访问过的邻接点，并将其进队，循环执行上述步骤，直到队空时停止循环。

5. 参考代码

```c
#include<stdio.h>
#include<stdlib.h>
#define MAX 10
#define INFINITY 65535
#define TRUE 1
#define FALSE 0
typedef char VertexType;
typedef int EdgeType;
typedef int Boole;
Boole visited[MAX];
typedef int QElemType;
typedef int Status;
typedef struct
{
   VertexType vexs[MAX];
   EdgeType arc[MAX][MAX];
   int numVertexes,numEdges;
}MGraph;
 typedef struct QNode
{
   QElemType data;
   struct QNode *next;
}QNode,*QueuePtr;
typedef struct
{
   QueuePtr front,rear;
}LinkQueue;

void Create(MGraph *G)
{
   int i,j,k,w;
   printf("请输入顶点数和边数:\n");
   scanf("%d%d",&G->numVertexes,&G->numEdges);
   fflush(stdin);
   for(i=0;i<G->numVertexes;i++)
   {
```

```c
        printf("\n第%d个顶点",i+1);
        scanf("%c",&G->vexs[i]);
        getchar();
    }
    for(i=0;i<G->numVertexes;i++)
        for(j=0;j<G->numVertexes;j++)
            G->arc[i][j]=INFINITY;
    for(k=0;k<G->numEdges;k++)
    {
        printf("输入边(Vi,Vj)的上下标i,j和权w(空格隔开): ");
        scanf("%d%d%d",&i,&j,&w);
        G->arc[i][j]=w;
        G->arc[j][i]=G->arc[i][j];
    }
}

void Output(MGraph *G)
{
    int i,j,count=0;
    for(i=0;i<G->numVertexes;i++)
        printf("\t%c",G->vexs[i]);
    printf("\n");
    for(i=0;i<G->numVertexes;i++)
    {
        printf("%4c",G->vexs[i]);
        for(j=0;j<G->numVertexes;j++)
        {
            printf("\t%d",G->arc[i][j]);
            count++;
            if(count%G->numVertexes==0)
                printf("\n");
        }
    }
}

Status InitQueue(LinkQueue &Q)
{
    Q.front=Q.rear=(QueuePtr)malloc(sizeof(QNode));
    if(!Q.front)
        exit(0);
    Q.front->next=NULL;
    return 1;
}

Status EnQueue(LinkQueue &Q,int i)
{
    QueuePtr s;
    s=(QueuePtr)malloc(sizeof(QNode));
    if(!s)
        exit(0);
    s->data=i;
    s->next=NULL;
    Q.rear->next=s;
    Q.rear=s;
    return 1;
}

Status QueueEmpty(LinkQueue Q)
{
    if(Q.front->next==NULL)
```

```
        return 0;
    else
        return 1;
}
Status DeQueue(LinkQueue *Q,int *i)
{
    QueuePtr p;
    if(Q->front==Q->rear)
        return 0;
    p=Q->front->next;
    *i=p->data;
    Q->front->next=p->next;
    if(p==Q->rear)
        Q->rear==Q->front;
    free(p);
    return 1;
}
void BFSTraverse(MGraph G)
{
    int i,j;
    LinkQueue Q;
    for(i=0;i<G.numVertexes;i++)
        visited[i]=FALSE;
    InitQueue(Q);
    for(i=0;i<G.numVertexes;i++)
    {
        if(!visited[i])
        {
            visited[i]=TRUE;
            printf("%c->",G.vexs[i]);
            EnQueue(Q,i);
            while(!QueueEmpty(Q))
            {
                DeQueue(&Q,&i);
                for(j=0;j<G.numVertexes;j++)
                {
                    if(G.arc[i][j]==1&&!visited[j])
                    {
                        visited[j]=TRUE;
                        printf("%c",G.vexs[j]);
                        EnQueue(Q,j);
                    }
                }
            }
        }
    }
}
int main()
{
    MGraph G;
    create(&G);
    printf("邻接矩阵数据如下：\n");
    Output(&G);
    printf("\n");
    BFSTraverse(G);
    printf("\n图遍历完毕");
    return 0;
}
```

6. 功能测试

输入顶点数和边数，并且输入边的相关信息，测试结果如图 6-2 所示。

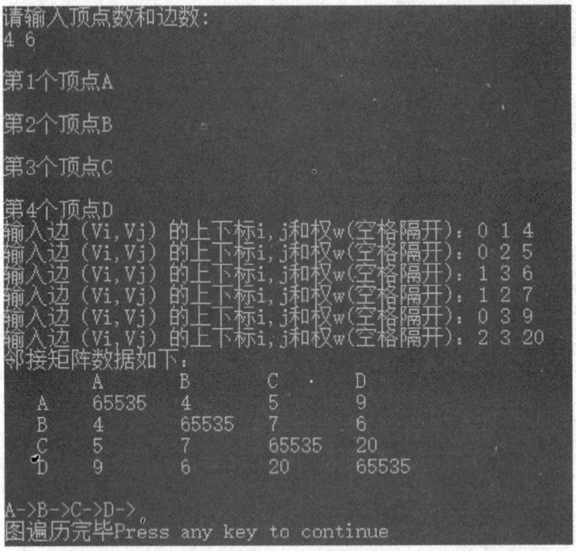

图 6-2 邻接矩阵的广度优先遍历测试结果

6.2 基础进阶

6.2.1 最小生成树

1. 实践目的

（1）熟悉图的概念及邻接矩阵存储的原理。
（2）理解普里姆算法和克鲁斯卡尔算法的基本思路。
（3）能够利用普里姆算法或克鲁斯卡尔算法生成最小生成树，并能解决实际问题。

2. 实践内容

（1）实现创建无向图的操作。
（2）实现查找顶点的下标操作。
（3）实现找最小边的邻接顶点操作。
（4）实现求最小生成树的操作。

3. 数据结构设计

图的邻接矩阵存储结构描述如下：

```
typedef struct
{
    VertexType vexs[MAX];
    int arc[MAX][MAX];
    int numVertexes,numEdges;
}AMGraph;
```

4. 实践方案

（1）创建图的函数 CreateUDN (AMGraph &G)

输入图中的顶点信息、边信息，与 6.1.2 节中介绍的创建图函数相同。

（2）查找函数 LocateVex (AMGraph G, char v)

查找顶点 v 在图 G 中的位置，也就是要在顶点数组中查找某顶点在数组中的下标。

（3）求图 G 的最小边节点函数 Min (AMGraph G)

定义一个最小值变量（初始时为最大整数）及下标（初始时为-1），再在邻接矩阵相对应的行中找出最小权值对应的顶点及列号（邻接顶点的下标）。

（4）最小生成树函数 MiniSpanTree_Prim (AMGraph G, char v)

① 选取权值最小的边的其中一个顶点作为起始点。
② 找到离当前顶点权值最小的边，并记录该顶点为已选择的顶点。
③ 重复第②步，直到找到所有顶点，就找到了图的最小生成树。

5. 参考代码

```c
typedef char VerTexType;
typedef int ArcType;
#define MVNum 100
#define MaxInt 32767
struct{
   VerTexType adjvex;
   ArcType lowcost;
}closedge[MVNum];
typedef char VerTexType;
typedef int ArcType;
typedef struct{
   VerTexType vexs[MVNum];
   ArcType arcs[MVNum][MVNum];
   int vexnum,arcnum;
}AMGraph;

int LocateVex(AMGraph G , VerTexType v){
   //确定点v在G中的位置
   for(int i = 0; i < G.vexnum; ++i)
      if(G.vexs[i] == v)
         return i;
      return -1;
}

void CreateUDN(AMGraph &G)
{
   int i , j , k;
   printf("请输入总顶点数，总边数，以空格隔开:");
   scanf("%d%d",&G.vexnum,&G.arcnum);
   printf("\n");
   printf("输入点的名称，如a\n");
   for(i = 0; i < G.vexnum; ++i)
   {
      printf("请输入第%d个点的名称:",i+1);
      scanf("%c",&G.vexs[i]);
   }
   printf("\n");
   for(i = 0; i < G.vexnum; ++i)
      for(j = 0; j < G.vexnum; ++j)
```

```c
            G.arcs[i][j] = MaxInt;
    printf("输入边依附的顶点及权值,如 a b 5\n");
    for(k = 0; k < G.arcnum;++k)
    {
        VerTexType v1 , v2;
        ArcType w;
    printf("请输入第%d 条边依附的顶点及权值:",k+1);
        scanf("%c %c %d",&v1,&v2,&w);
        i = LocateVex(G, v1);   j = LocateVex(G, v2);
        G.arcs[i][j] = w;
        G.arcs[j][i] = G.arcs[i][j];
    }
}

int Min(AMGraph G)
{
    int i;
    int index = -1;
    int min = MaxInt;
    for(i = 0 ; i < G.vexnum ; ++i)
    {
        if(min > closedge[i].lowcost && closedge[i].lowcost != 0)
        {
            min = closedge[i].lowcost;
            index = i;
        }
    }
    return index;
}

//最小生成树
void MiniSpanTree_Prim(AMGraph G, VerTexType u)
{
    int k , j , i;
    VerTexType u0 , v0;
    k =LocateVex(G, u);
    for(j = 0; j < G.vexnum; ++j){
        if(j != k){
            closedge[j].adjvex = u;
            closedge[j].lowcost = G.arcs[k][j];
        }
    }
    closedge[k].lowcost = 0;
    for(i = 1; i < G.vexnum; ++i)
    {
        k = Min(G);
        u0 = closedge[k].adjvex;
        v0 = G.vexs[k];
        printf("边 %d--->%d\n",u0,v0);
        closedge[k].lowcost = 0;
        for(j = 0; j < G.vexnum; ++j)
            if(G.arcs[k][j] < closedge[j].lowcost){
                closedge[j].adjvex = G.vexs[k];
                closedge[j].lowcost = G.arcs[k][j];
            }
    }
}
```

扫描二维码查看完整程序代码。

扫码查看 6.2.1.cpp

6. 功能测试

输入如图 6-3 所示的无向图,最小生成树的测试结果如图 6-4 所示。

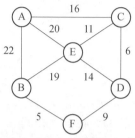

图 6-3　无向图

图 6-4　最小生成树的测试结果

6.2.2　最短路径

1. 实践目的

(1) 能够熟悉图的邻接矩阵存储的原理。
(2) 能够正解理解迪杰斯特拉算法的基本思路。
(3) 能够利用迪杰斯特拉算法编写找最短路径的算法,并能解决实际问题。

2. 实践内容

根据图的邻接矩阵存储,利用迪杰斯特拉算法找到单源点的最短路径。
(1) 实现顶点的查找操作。

(2)实现创建图操作。
(3)实现单源点的最短路径操作。

3. 数据结构设计

图的邻接矩阵存储结构描述如下:

```
typedef struct
{
  char vexs[MAX];
  int arcs[MAX][MAX];
  int vexnum,arcnum;
}AMGraph;
```

4. 实践方案

迪杰斯特拉算法使用了广度优先搜索解决赋权有向图或者无向图的单源最短路径问题,算法最终得到一个最短路径树。该算法常用于路由算法或者作为其他图算法的一个子模块。

(1)顶点的查找函数 LocateVex (AMGraph G, char v)

顶点的查找函数与 6.2.1 节中介绍的查找函数相同。

(2)创建图的函数 CreateUDN (AMGraph &G)

创建图的函数与 6.1.2 节中介绍的创建图函数相同。

(3)求最短路径函数 Dijkstra (AMGraph G, int s)

迪杰斯特拉算法采用的是一种贪心的策略,声明一个数组 dis 用来保存源点到各个顶点的最短距离和一个保存已经找到了最短路径的顶点的集合 T,初始时,原点 s 的路径权重被赋为 0(dis[s]= 0)。若对于顶点 s 存在能直接到达的边(s, m),则把 dis[m]设为 $w(s, m)$,同时把所有其他(s 不能直接到达的)顶点的路径长度设为无穷大。

① 初始时,集合 T 中只有顶点 s。

② 从 dis 数组中选择最小值,则该值就是源点 s 到该值对应的顶点的最短路径,并且把该点加入到 T 中,此时完成加入一个顶点操作。

③ 看新加入的顶点是否可以到达其他顶点,并且通过该顶点到达其他点的路径长度是否比源点直接到达短,如果是,那么就替换这些顶点在 dis 中的值。

④ 从 dis 中找出最小值,重复上述动作,直到 T 中包含了图的所有顶点。

5. 参考代码

```
#define MVNum 100 //最大顶点数
#define MaxInt 66666//表示极大值
typedef struct
{
  char vexs[MVNum];
  int arcs[MVNum][MVNum];
  int vexnum,arcnum;
}AMGraph;

int LocateVex(AMGraph G,char v)
{
  int i;
  for(i=0;i<G.vexnum;i++)
    if(G.vexs[i]==v)
      return i;
  return -1;
}
```

```c
void CreateUDN(AMGraph &G)
{
    int i,j,k,w;
    char v1,v2;
    printf("请输入顶点数和边数:");
    scanf("%d%d",&G.vexnum,&G.arcnum);
    printf("请输入顶点信息:");
    for(i=0;i<G.vexnum;i++)
        scanf("%c",&G.vexs[i]);
    for(i=0;i<G.vexnum;i++)
        for(j=0;j<G.vexnum;j++)
            if(i==j)
                G.arcs[i][j]=0;
            else
                G.arcs[i][j]=MaxInt;
    for(k=0;k<G.arcnum;k++)
    {
        printf("输入两顶点及权值\n");
        scanf("%c%c%d",&v1,&v2,&w);
        i=LocateVex(G,v1);
        j=LocateVex(G,v2);
        G.arcs[i][j]=G.arcs[j][i]=w;
    }
}

void Dijkstra(AMGraph G,int s)
{
    int dist[MVNum];
    int visited[MVNum];
    int i,j,k,u,min;
    for(i=0;i<G.vexnum;i++)
    {
        dist[i]=MaxInt;
        visited[i]=0;
    }
    dist[s]=0;
    for(k=1;k<G.vexnum;k++)
    {
        min=MaxInt;
        for(i=0;i<G.vexnum;i++)
            if(dist[i]<min && !visited[i])
            {
                u=i;
                min=dist[i];
            }
        visited[u]=1;
        for(j=0;j<G.vexnum;j++)
            if(!visited[j]&&dist[u]+G.arcs[u][j]<dist[j])
                dist[j]=dist[u]+G.arcs[u][j];
    }
    for(i=0;i<G.vexnum;i++)
        printf("起点%c 到顶点%c 的最短路径为:\n",
            G.vexs[s],G.vexs[i],dist[i]);
}
```

扫描二维码查看完整程序代码。

6. 功能测试

如果创建了一个如图 6-5 所示的无向图 G，输出其邻接矩阵及从 A 到各顶点的最短路径,如图 6-6 所示。

扫码查看 6.2.2.cpp

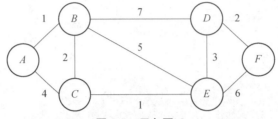

图 6-5　无向图 G

图 6-6　最短路径测试结果

6.2.3　北斗卫星导航系统*

1. 实践目的

(1) 能够正确理解我国自主研发的"北斗卫星导航系统"的现实意义,激发学生的学习热情,培养学生的创新精神。

(2) 能够正确分析北斗卫星导航系统中涉及的关键问题及解决思路。

(3) 能够运用图的相关操作方法设计北斗卫星导航系统的关键算法。

(4) 能够正确编写程序测试北斗卫星导航系统的正确性。

2. 实践背景

1993 年 7 月 23 日,中国"银河号"货轮载着一些五金和制造原料运往中东。当货轮行驶到印度洋上,突然停止了——导航没有信号,船员不辨方向,无法继续前行。随行船员还以为是信号设备出了故障,结果怎么维修都无济于事。后来才得知,原来是美国怀疑中国向伊朗输送武器,故意停掉了该船所在海域的导航信号。这一消息传回国内,让许多航天科学家和国防人员意识到自主导航的重要性。随后,中科院院士孙家栋找到时任国防科工委副主任的沈荣骏,称"发展卫星导航,刻不容缓,势在必行"。结果两人不谋而合,联名向国家"上书",建议启动中国北斗卫星导航系统建设。1994 年 12 月,北斗导航实验卫星系统工程获得国家批准。

目前，中国的北斗卫星导航系统对美国的 GPS 系统构成了挑战，美国垄断卫星导航高科技的时代将结束。中国独立研制的导航系统不仅冲破了种种国外封锁，还站到了世界卫星导航的竞技场，并慢慢秀出肌肉。

当下的中国科技市场，正经历十多年前北斗的遭遇——技术强国的技术封锁。

这种封锁是全球化退步的无奈现象，将给各国产业带来阵痛，并重复消耗全人类本就不多的资源。但面对已经形成的事实，经济和技术上仍是落后的发展中国家的中国也没有更多的选择：只能自己干。如何在起步时间、资金、技术、人才甚至国际资源都处于下风的情况下闯出一条路？北斗或许能给中国科技发展带来启示。

3. 实践内容

在汽车导航系统中，高精度定位是关键技术，根据北斗高精度定位技术绘制出了江西省内各城市路线图，如图 6-7 所示。其中圆圈中显示的是城市名，连线及连线上的数字表示两个城市之间的公路及路程模拟数值。

根据对系统的分析，主要实现以下三个操作：

（1）实现顶点的查找操作。

（2）实现创建图操作。

（3）实现计算某顶点到其余各顶点的最短路径操作。

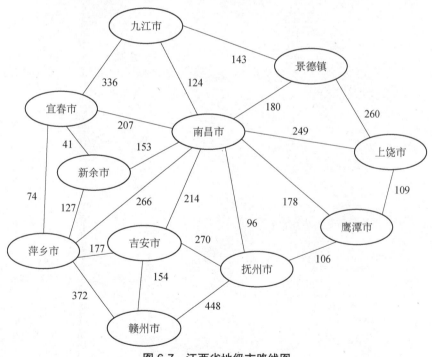

图 6-7 江西省地级市路线图

4. 实践方案

数据结构设计如下：

```
typedef struct
{
    char vexs[11][MAX];
    int arcs[MAX][MAX];
```

```
    int vexnum,arcnum;
}AMGraph;
```

具体实现方案如下：

（1）顶点查找函数 LocateVex (AMGraph G, char v)

顶点查找函数 LocateVex()与 6.2.1 节中介绍的查找函数相同。

（2）创建图函数 CreateUDN (AMGraph &G)

创建图函数 CreateUDN()与 6.1.2 节中介绍的创建图函数相同。

（3）求最短路径函数 Dijkstra (AMGraph G, char c1[], char c2[])

求最短路径函数 Dijkstra()与 6.2.2 节中介绍的 Dijkstra(AMGraph G, int s)思路相类似，此函数是上节求最短路径的一个特例，先根据第一个参数，查找出相对应顶点（城市）的位置，再通过这个顶点求到另一顶点的最短路径。

5. 参考代码

```c
#define MVNum 100 //最大顶点数
#define MaxInt 66666//表示极大值
typedef struct
{
   char vexs[MVNum][10];
   int arcs[MVNum][MVNum];
   int vexnum,arcnum;
}AMGraph;

int LocateVex(AMGraph G,char v[])
{
   int i;
   for(i=0;i<G.vexnum;i++)
      if(strcmp(G.vexs[i],v)==0)
         return i;
   return -1;
}

void CreateUDN(AMGraph &G)
{
   int i,j,k,w;
   char v1[10],v2[10];
   printf("请输入顶点数和边数:");
   scanf("%d%d",&G.vexnum,&G.arcnum);
   printf("请输入顶点信息:");
   for(i=0;i<G.vexnum;i++)
      scanf("%s",&G.vexs[i]);
   for(i=0;i<G.vexnum;i++)
      for(j=0;j<G.vexnum;j++)
         if(i==j)
            G.arcs[i][j]=0;
         else
            G.arcs[i][j]=MaxInt;
   for(k=0;k<G.arcnum;k++)
   {
      printf("输入两顶点及权值\n");
      scanf("%s%s%d",&v1,&v2,&w);
      i=LocateVex(G,v1);
      j=LocateVex(G,v2);
      G.arcs[i][j]=G.arcs[j][i]=w;
   }
```

```
}
void Dijkstra(AMGraph G,char c1[],char c2[])
{
    int dist[MVNum];
    int visited[MVNum];
    int i,j,k,u,min;
    for(i=0;i<G.vexnum;i++)
    {
        dist[i]=MaxInt;
        visited[i]=0;
    }
    int s=LocateVex(G,c1);
    dist[s]=0;
    for(k=1;k<G.vexnum;k++)
    {
        min=MaxInt;
        for(i=0;i<G.vexnum;i++)
            if(dist[i]<min && !visited[i])
            {
                u=i;
                min=dist[i];
            }
        visited[u]=1;
        for(j=0;j<G.vexnum;j++)
            if(!visited[j]&&dist[u]+G.arcs[u][j]<dist[j])
                dist[j]=dist[u]+G.arcs[u][j];
    }
    k=LocateVex(G,c2);
    printf("%s-》%s的最短距离为\n",c1,c2,dist[k]);
}
```

扫描二维码查看完整程序代码。

扫码查看 6.2.3.cpp

5. 功能测试

输入南昌市、赣州市，输出两个城市的最短路径。测试结果如图 6-8 所示。

图 6-8 两城市最短路径测试结果

6.3 竞赛进阶

6.3.1 二分图

1. 实践内容【LeetCode 185】

存在一个无向图，图中有 n 个节点。其中每个节点都有一个介于 0 到 $n-1$ 之间的唯一编号。定义一个二维数组 graph，其中 graph[u] 是一个节点数组，由节点 u 的邻接节点组成。形式上，对于graph[u]中的每个v，都存在一条位于节点u和节点v之间的无向边。

如果v在graph[u]内，那么u也应该在graph[v]内。这个图可能不是连通图，也就是说两个节点u和v之间可能不存在一条连通彼此的路径。

二分图定义：如果能将一个图的节点集合分割成两个独立的子集A和B，并使图中的每一条边的两个节点一个来自A集合，一个来自B集合，就将这个图称为二分图。

如果图是二分图，则返回true；否则，返回false。

（1）实现创建图的存储操作。

（2）实现深度优先遍历图的操作。

（3）实现判断是否是二分图操作。

2. 实践方案

二分图就是可以将图分为两个集合，当一个顶点在A集合时，它的邻接点在B集合，并且这两个集合不相交。

通俗来讲，假如将这个图的顶点染成两种颜色，一条边对应的两个顶点颜色不同，满足这个要求的无向图就是二分图，若在染的过程中，有顶点染色冲突，则返回false，否则为true，如图6-9所示。

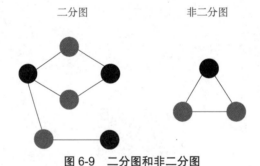

图6-9 二分图和非二分图

具体实现方案：图的数据结构可以用邻接矩阵表示，可以简单表示为二维数组graph[Vnum][Vnum]。

（1）创建图函数Create( )

根据图中顶点个数输入图的邻接矩阵，在此输入graph[maxn][maxn]二维数组的值。

（2）深度优先遍历函数dfs (int, int)

从任意顶点出发，进行深度优先遍历，这一过程就是对顶点进行染色过程。首先，对这个顶点染色，然后对于这个顶点相邻的顶点判断有三种情况：

① 未染色，那么将这个顶点染色，染与当前顶点不同的颜色。

② 已经染色但是与当前颜色不同，那么跳过该顶点。

③ 已经染色但是与当前顶点颜色相同，则该图不是一个二分图，返回失败。

（3）判断是否是二分图操作函数IsBit( )

图中所有的顶点已经进行了染色，并且没有出现相邻顶点颜色相同的情况，则该图是二分图,否则,不是二分图。

3. 参考代码

```
#define maxn 100
int graph[maxn][maxn];
int color[maxn];
int n,m;
int dfs(int u,int c)
{
    color[u]=c;
    for(int i=1;i<=n;i++)
    {
        if(graph[u][i]==1)
        {
            if(color[i]==c)return 0;
            if(!color[i]&&!dfs(i,-c))return 0;
        }
    }
    return 1;
}

void Create()
{
    scanf("%d%d",&n,&m);
    memset(graph,0,sizeof(graph));
    memset(color,0,sizeof(color));
    for(int i=0;i<m;i++)
    {
        int u,v;
        scanf("%d%d",&u,&v);
        graph[u][v]=1;
        graph[v][u]=1;
    }
}

int IsBit()
{
    int i;
    Create();
    for(i=1;i<=n;i++)
    {
        if(!color[i])
            if(!dfs(i,1))
                return 0;
    }
    return 1;
}
```

扫描二维码查看完整程序代码。

扫码查看 6.3.1.cpp

4. 功能测试

输入如图 6-10 和图 6-11 所示的图。

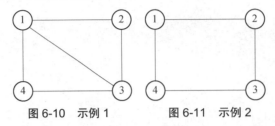

图 6-10　示例 1　　　图 6-11　示例 2

输出结果分别如图 6-12、图 6-13 所示。

图 6-12　示例 1 测试结果　　图 6-13　示例 2 测试结果

6.3.2　危险系数

1. 实践内容【蓝桥杯题库真题第 12 题】

[问题描述]

抗日战争时期，冀中平原的地道战曾发挥重要作用。

地道的多个站点间有通道连接，形成了庞大的网络。但这也有隐患，当敌人发现了某个站点后，其他站点间可能因此会失去联系。

定义一个危险系数 DF(x, y)：对于两个站点 x 和 y (x != y)，如果能找到一个站点 z，当 z 被敌人破坏后，x 和 y 不连通，那么我们称 z 为关于 x, y 的关键点。相应地，对于任意一对站点 x 和 y，危险系数 DF(x, y) 就表示为这两点之间的关键点个数。

本题的任务是：已知网络结构，求两站点之间的危险系数。

[输入格式]

输入数据，第一行包含 2 个整数 $n(2 \leqslant n \leqslant 1000)$，$m(0 \leqslant m \leqslant 2000)$，分别代表站点数，通道数。

接下来的 m 行，每行中的两个整数 $u, v(1 \leqslant u, v \leqslant n; u != v)$ 代表一条通道。

最后一行，输入两个数 u, v，代表询问两点之间的危险系数 DF(u, v)。

[输出格式]

一个整数，如果询问的两点不连通则输出 -1。

[样例输入]

```
7 6
1 3
2 3
3 4
3 5
4 5
5 6
```

```
1 6
```

[样例输出]

```
2
```

2. 实践方案

这是一个求割点的问题,两个点之间所有的通路必定过两个点之间的割点,那么可以知道,如果以一个点为起点,另一个点为终点,那么采用深度搜索遍历的策略,找到所有两点之间的通路,并且每次访问到终点时,就将通路上的所有点访问次数+1,当所有的通路找到后,寻找与终点访问次数相同的中间点,那么这些点就为割点。

当找到一条通路时,如何把这条通路上的所有点访问次数+1,这里必须构造记录前节点的数组 pre,pre[i] = j,表示 i 的前一个节点为 j。

(1) 实现创建图的函数 create (MGraph *G)

本实践创建图其实是根据输入的顶点对构造图的邻接矩阵,但与上节的邻接矩阵稍有不同,当输入 (i, j) 时,对应的邻接矩阵的第 i 行第 j 列的值为 j 且第 j 行第 i 列的值都为 i,没有顶点对的都为 0。

(2) 实现深度优先遍历函数 dfs (MGraph *G, int st)

如果当前顶点等于终点,则表示找到了终点,终点访问次数加 1,并把起点到终点的所有顶点访问次数加 1,否则,如果邻接顶点不为空,则把邻接点当作当前顶点,继续递归调用 dfs 函数。

(3) 实现判断割点函数 wxxs ( )

主要依据节点访问次数数组判断,如果终点的访问次数为 0,则没有割点;若不为 0,如果节点访问次数等于终点访问次数,则为割点。

3. 参考代码

```
#define MAXV 11
int rec[100] = {0};
int vis[100] = {0};
int pre[100] = {0};
int num = 0;
int st,des;
typedef struct {
    int numVexs, numEdges;
    int arc[MAXV][MAXV];
}MGraph;

void Create(MGraph *G)
{
   int i,j,k;
   scanf("%d%d",&G->numVexs,&G->numEdges);
   for(i=0;i<=G->numVexs;i++)
      for(j=0;j<=G->numVexs;j++)
         G->arc[i][j]=0;
   for(k=0;k<G->numEdges;k++)
   {
      scanf("%d%d",&i,&j);
      G->arc[i][j]=j;
```

```c
            G->arc[j][i]=i;
        }
}

void dfs(MGraph *G,int st)
{
    int i;
    vis[st] = 1;
    if(st == des)
    {
        rec[des]++;
        int tt = st;
        while(pre[tt] != tt)
        {
            rec[pre[tt]]++;
            tt = pre[tt];
        }
        vis[st] = 0;
        return;
    }
    for(i= 0;i<G->numVexs;i++)
    {
        int t;
        if(G->arc[st][i])
        {
            t = G->arc[st][i];
            if(!vis[t])
            {
                pre[t] = st;
                dfs(G,t);
                vis [t] = 0;
                pre[t] = 0;
            }
        }
    }
}

void wxxs()
{
    MGraph G;
    int i;
    Create(&G);
    scanf("%d%d",&st,&des);
    pre[st]=st;
    dfs(&G,st);
    if(rec[des] == 0)
    {
        printf("-1\n");
        return ;
    }
    for(i=1;i<=G.numVexs;i++)
        if(i!=des && i!=st)
            if(rec[i]==rec[des])
                num++;
    printf("%d\n",num);
}
```

扫描二维码查看完整程序代码。

扫码查看 6.3.2.cpp

4. 功能测试

输入下列数值后，程序测试结果如图 6-14 所示。

```
7 6
1 3
2 3
3 4
3 5
4 5
5 6
1 6
```

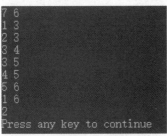

图 6-14 危险系数图测试结果

6.4 考研进阶

6.4.1 回路判断

1. 实践内容【2010 北京工业大学研究生入学考试题】

利用图的遍历判断有向图中是否存在回路。

分析题目要求，具体要实现下列两个算法：

（1）实现创建有向图操作。

（2）实现判断图中有无回路操作。

2. 实践方案

判断一个有向图是否存在回路，可以使用深度优先搜索算法，本实践采用邻接表表示的深度优先搜索算法，即 DFS 算法。

从图的某一顶点出发，访问它的任一邻接顶点；再从邻接顶点出发，访问邻接顶点的任一邻接顶点；如此往复直到访问到一个所有邻接顶点都被访问的顶点为止；接着回退一步，看看前一次访问的顶点是否还有其他没有被访问的邻接顶点；如果有，则访问此邻接顶点，之后再进行前述过程；如果没有，则再回退一步，重复上述过程，直到连通图中所有顶点都被访问过为止。

（1）创建图函数 CreateGraph (ALGraph & graph)

创建图函数与 6.1.1 中介绍的创建图函数相同。

（2）找回路函数 DFSCircle (ALGraph G, int visited[], int v)

具体如上面实践方案中描述，在此过程中设置一个 visited 数组，顶点 v 被访问过，置 visited[i]=1，若该顶点被其他顶点又访问一次，则表示有回路，否则，无回路。

3. 参考代码

```
typedef struct ArcNode
{
   int adjvex;
   ArcNode * next;
}ArcNode;
typedef struct VNode
{
   int vertex;
   ArcNode * firstarc;
}AdjList[20];
typedef struct ALGraph
{
   AdjList adjList;
   int vexNum;
   int arcNum;
}ALGraph;

int  DFSCircle(ALGraph G,int visited[],int v)
{
   visited[v]=1;
   int flag=0;
   ArcNode *p;
   p=(ArcNode *)malloc(sizeof(ArcNode));
   p=G.adjList[v].firstarc;
   while(p!=NULL){
      if(visited[p->adjvex]==1)
         return 1;
      else
         flag=DFSCircle(G,visited,p->adjvex);
      if(flag==1)
         return 1;
      p=p->next;
   }
   return 0;
}
```

扫描二维码查看完整程序代码。

扫码查看 6.4.1.cpp

4. 功能测试

输入顶点数、边数等信息，如果有回路，输出有回路，否则，输出无回路，如图 6-13 所示。

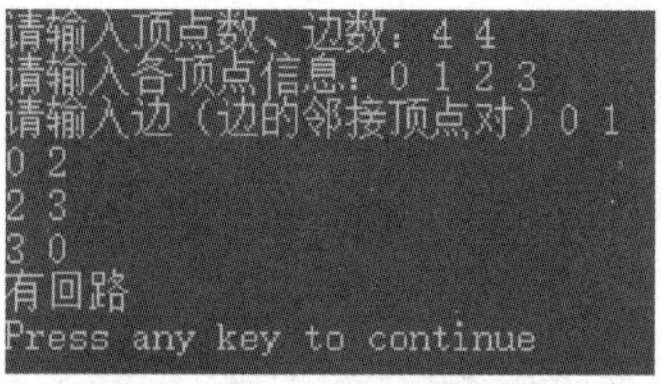

图 6-15 有回路测试结果

6.4.2 判断图中是否存在 EL 路径

1. 实践内容【2021 年全国研究生入学考试 408 试题】

已知无向连通图 G 由顶点集 V 和边集 E 组成，$|E|>0$，当 G 中度数为奇数的顶点个数不大于 2 的偶数时，G 存在包含所有边且长度为 $|E|$ 的路径（称为 EL 路径）。设图 G 采用邻接矩阵存储，类型定义如下：

```
typedef struct
{
  int numVexs,numEdges;
  char Vexs[MAXV];
  int Edges[MAXV][MAXV];
}MGraph;
```

（1）实现创建无向图的操作。
（2）实现查找图中顶点的位置操作。
（3）实现判断图 G 是否存在 EL 路径操作。

2. 实践方案

本题考虑的有两点，即度数为奇数的顶点个数为不大于 2 的偶数；是否存在 EL 路径。
（1）创建无向图函数 CreateUDN (MGraph &G)
创建无向图的函数与 6.1.2 节中介绍的创建函数相同。
（2）查找顶点位置函数 Locate (MGraph G, char c)
查找顶点位置函数与 6.2.1 节中介绍的查找函数相同。
（3）判断 G 是否存在 EL 路径函数 IsExistEL (MGraph G)
要判断 G 是否存在 EL 路径，就必须要求出每个顶点的度数，算出度数为奇数的顶点个数，若有 0 个或者 2 个度为奇数的顶点存在，则返回 1，否则，返回 0。

3. 参考代码

```
#include <stdio.h>
#include <string.h>
#define MAXV 11
typedef struct {
   int numVexs, numEdges;
   char Vexs[MAXV];
   int arc[MAXV][MAXV];
}MGraph;
int Locate(MGraph G,char c)
{
   for(int i=0;i<G.numVexs;i++)
      if(G.Vexs[i]==c)
         return i;
```

```c
}
void Create(MGraph *G)
{
    int i,j,k;
    char a,b;
    printf("请输入顶点数和边数:\n");
    scanf("%d%d",&G->numVexs,&G->numEdges);
    fflush(stdin);
    for(i=0;i<G->numVexs;i++)          //建立顶点表
    {
        printf("\n第%d个顶点",i+1);
        scanf("%c",&G->Vexs[i]);
        getchar();
    }
    for(i=0;i<G->numVexs;i++)          //矩阵初始化
        for(j=0;j<G->numVexs;j++)
            G->arc[i][j]=0;
    for(k=0;k<G->numEdges;k++)
    {
        printf("输入边(Vi,Vj): ");
        scanf("%c%c",&a,&b);
        getchar();
        i=Locate(*G,a);
        j=Locate(*G,b);
        G->arc[i][j]=G->arc[j][i]=1;
    }
}

void degree(MGraph G,int deg[])
{
    int i,,j;
    for(i=0;i<G.numVexs;i++)
    {
        deg[i]=0;
        for(j=0;j<G.numVexs;j++)
            if(G.arc[i][j]!=0)
                deg[i]++;
    }
}

int IsExistEL(MGraph G)
{
    int du[10] ={0};
    int i,count = 0;
    degree(G,du);
    for(i=0;i<G.Vexs;i++)
        if(du[i]%2!=0)
            count++;
    if (count == 0 || count == 2)
        return 1;
    else
        return 0;
}
```

扫描二维码查看完整程序代码。

扫码查看 6.4.2.cpp

4. 功能测试

输入顶点数和边数及边的信息，执行判断是否是 EL 图函数，如果返回 1，则输出的是"There is a Euler path"，否则，输出的是"There is no Euler path"，如图 6-16、图 6-17 所示。

图 6-16　不是 EL 图的情况

图 6-17　是 EL 图情况

第7章 查找

7.1 基础实践

7.1.1 静态表查找

1. 实践目的

(1) 理解查找表、静态查找表的基本概念。
(2) 掌握常见静态查找表在计算机中的存储结构。
(3) 掌握静态表查找中顺序查找、二分查找和分块查找的实现算法。
(4) 能够正确编写程序验证在不同静态查找表的存储结构上实现不同查找操作的正确性。

2. 实践内容

(1) 实现顺序查找操作。
(2) 实现有序表的二分查找操作。
(3) 实现分块查找操作,要求在索引表中采用二分查找,在数据块表中采用顺序查找。
(4) 设计功能选择菜单,用户可重复选择完成上述功能。

3. 数据结构设计

(1) 顺序表和有序表均采用顺序存储结构,其存储结构描述如下:

```
typedef int KeyType
typedef struct
{
    KeyType key;          //关键字
    int length;           //当前元素的个数
}SSTable[MAXSIZE];
```

(2) 分块查找表由索引表和块表两部分组成,索引表中各元素是按关键字的大小有序排列的,而块表中各元素的关键字是无序的,但块与块之间是有序的,其存储结构描述如下:

```
#define MAXSIZE   100      // 表中最大元素个数
#define BLOCKNUM  10       // 索引表中最大块数
typedef int KeyType;
typedef struct             // 块表结构体
{
    KeyType key;           // 块表中的关键字
}SqList[MAXSIZE+1];        // 块表中0位置存储数据表的长度

typedef struct             // 索引表结构体
{
```

```
    KeyType key;              // 块的最大关键字
    int addr;                 // 块的起始地址
}IndexTable[BLOCKNUM+1];
```

4. 实践方案

（1）顺序表创建函数 InitList_SSTable (SSTable &L)

该函数实现顺序表的创建，使用动态内存分配函数 malloc 分配数组空间，并依次存储顺序表的各个关键字。

（2）顺序查找函数 Search_SSTable (SSTable L, KeyType key)

设置监视哨实现顺序表查找，数组 0 号存储单元充当监视哨，存储待查找的关键字 key。算法从顺序表最后一个位置，逆序查找各个元素，比较当前位置的关键字和待查找关键字 key，直到相等为止，返回位置 i。若位置 i 值为 0，则表示查找失败。

（3）二分查找函数 Bin_Search (SSTable L, KeyType key)

采用二分查找方法在有序表 L 中查找关键字值为 key 的记录。若查找成功，则返回其在表中的位置，否则，返回 ERROR。

（4）创建分块表函数 CreateSqList (SqList L, IndexTable id)

用户输入关键字和分块的个数，按"分块有序"的原则创建数据表，并在此基础上，建立一个索引表。索引表中的数据项存储各块中的最大关键字，指针项采用整数存储各块的第一个记录在数据表中的位置，其存储结构如图 7-1 所示。

（5）遍历分块表函数 TraverseSqList (SqList L, IndexTable id)

该函数实现遍历输出分块查找中的数据表和索引表信息，方便用户直观了解。

（6）分块查找函数 BlockSearch (SqList L, IndexTable id, KeyType x)

索引表是按关键字从小到大排列的有序顺序表，数据表是一个分块有序的顺序表，分块查找过程分两步完成：

① 在索引表中用二分法查找确定待查找关键字 x 所在的块号。

② 在块中按顺序查找方法确定待查找关键字 x 在数据表中的位置。若查找成功，则返回待查找关键字在数据表中的位置，否则查找失败。

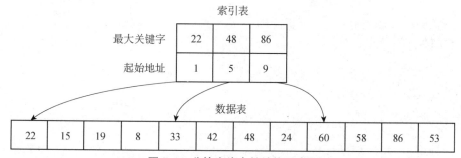

图 7-1 分块查找存储结构示意图

（7）设计功能选择菜单

通过循环和分支语句实现用户可重复选择的功能菜单。根据菜单，选择对应功能的数字。其中"1"对应顺序表顺序查找操作，"2"对应有序表二分查找操作，"3"对应分块表分块查找操作，"4"对应退出程序。

```
---1. 顺序表顺序查找操作---
---2. 有序表二分查找操作---
---3. 分块表分块查找操作---
---4. 退出                ---
---请选择（1-4）：        ---
```

5. 参考代码

```c
#include <stdio.h>
#include <stdlib.h>
#define OVERFLOW -1
#define OK 1
#define ERROR 0
#define MAXSIZE 100      // 表中最大元素个数
#define BLOCKNUM 10      // 索引表中最大块数
typedef int KeyType;
typedef struct
{
    KeyType *R;
    int length;          //当前元素的个数
}SSTable;

typedef struct           // 块表结构体
{
    KeyType key;         //块表中的关键字
}SqList[MAXSIZE+1];      // 块表中0位置存储数据表的长度

typedef struct           // 索引表结构体
{
    KeyType key;         // 块的最大关键字
    int addr;            // 块的起始地址
}IndexTable[BLOCKNUM+1];

int InitList_SSTable(SSTable &L)
{
    int elemnum, i;
    printf("请输入元素个数（ < 100）: ");
    scanf("%d", &elemnum);
    if(!(L.R=(KeyType *) malloc(sizeof(KeyType)*elemnum)))
        return OVERFLOW;
    L.length = elemnum;
    printf("请输入各个元素: ");
    for(int i=1;i<=L.length;i++)
        scanf("%d",&L.R[i]);
    return OK;
}

//设置监视哨的顺序查找
int Search_SSTable(SSTable L,KeyType key)
{
    //若找到,则函数值为该元素在表中的位置,否则为0
    int i;
```

```
        L.R[0]= key;                              //设置"哨兵"
        for(i=L.length; L.R[i]!=key; i--) ;      //从后往前找
        return i;
}

//采用二分法查找在有序表L中关键字值为key的记录
int Bin_Search(SSTable L, KeyType key)
{
    int low = 1;                        //下界
    int high = L.length;                //上界
    int mid;
    while (low <= high)
    {
        mid = (low + high) / 2;         //中间位置
        if (key == L.R[mid])
            return mid;                 //查找成功,返回下标位置
        else if (key < L.R[mid])
            high = mid - 1;             //查找范围缩小到前半部分
        else
            low = mid + 1;              //查找范围缩小到后半部分
    }
    return ERROR;                       //查找失败,返回ERROR
}

//创建表函数
void CreateSqList(SqList L, IndexTable id)
{
    int i, j, k, m, n;
    int elemnum, bnum;                  // 总元素个数;总块数
    int max = INT_MIN;                  // 块中最大元素
    printf("请输入元素个数( < 100)、块数( < 10 ): ");
    scanf("%d%d", &elemnum, &bnum);
    while (elemnum < 1 || elemnum > MAXSIZE || bnum < 1 || \
    bnum > BLOCKNUM||bnum > elemnum)
    {
        printf("输入有误,重新输入: ");
        scanf("%d%d", &elemnum, &bnum);
    }
    L[0].key = elemnum;   // 数据表0位置存储数据表的长度
    id[0].key = bnum;     // 索引表0位置存储索引表的长度
    n = elemnum / bnum;               // 平均每块元素个数
    for (i = 1; i <= bnum - 1; i++)   // 构造前bnum - 1块中的元素
    {
        printf("请输入块%d的%d 个元素(最小元素不能小于%d ):", \
        i, n, max);
        k = (i - 1) * n;              // 第 i 块元素起始下标
        for (j = 1; j <= n; j++)
        {
            scanf("%d", &(L[k + j].key));
            if (max < L[k + j].key)   // 获取第 i 块中最大元素
            max = L[k + j].key;
        }
        id[i].key = max;
        id[i].addr = k + 1;
    }
    k = (bnum - 1) * n;
```

```c
        m = elemnum - k;    // 最后一块元素个数
        printf("请输入块%d的%d个元素(最小元素不能小于 %d):",bnum,m, max);
        for (j = 1; j <= m; j++)            // 构造最后一块中的元素
        {
            scanf("%d", &(L[k + j].key));
            if (max < L[k + j].key)         // 获取最后一块中的最大元素
            max = L[k + j].key;
        }
        id[i].key = max;
        id[i].addr = k + 1;
}

// 遍历表函数
void TraverseSqList(SqList L, IndexTable id)
{
    int i;
    printf("---------数据表信息---------\n");
    for (i = 1; i <= L[0].key; i++)           // 遍历并输出表中的元素
        printf("%d, ", L[i].key);
    printf("\n---------索引表信息---------");
    for (i = 1; i <= id[0].key; i++)          // 遍历并输出索引表信息
        printf("\n%d, %d", id[i].key, id[i].addr);
    printf("\n----------------------------\n");
}

//查找块中元素值为x的元素
int BlockSearch(SqList L, IndexTable id, KeyType x)
{
    int low1, high1, low2, high2, mid, i;
    low1 = 1;
    high1 = id[0].key;                  // 设置索引表二分查找上下区间
    while (low1 <= high1)               // 查找元素所在块数
    {
        mid = (low1 + high1) / 2;
        if (x <= id[mid].key)  high1 = mid - 1;
        else low1 = mid + 1;
    }
    if (low1 <= id[0].key)
    {
        // 若low1 > id[0].key，则关键字大于数据表中所有元素
        low2 = id[low1].addr;           //元素所在块的最小下标
        if (low1 == id[0].key) high2 = L[0].key;
        else high2 = id[low1 + 1].addr - 1;
        for (i=low2;i<=high2;i++)      //在指定块中查找元素并返回下标
            if (L[i].key == x)   return i;
    }
    return 0;                          // 查找失败返回0
}

int main( )
{
    SSTable SL;
    SqList L;
    IndexTable id;
    int key,x,pos;
    while(1)
    {
```

```
            printf("---1．顺序表顺序查找操作---\n");
            printf("---2．有序表二分查找操作---\n");
            printf("---3．分块表分块查找操作---\n");
            printf("---4．退出              ---\n");
        printf("---请选择（1-4）：       ---\n");
            scanf("%d",&x);
            if(x)
            switch(x)
            {
                case 1:
                    InitList_SSTable(SL);       //创建顺序表
                    printf("请输入要查找的元素：");
                    scanf("%d",&key);
                    pos=Search_SSTable(SL,key); //调用顺序查找函数
                    break;
                case 2:
                    InitList_SSTable(SL);       //创建有序表
                    printf("请输入要查找的元素：");
                    scanf("%d",&key);
                    pos = Bin_Search(SL, key);   //调用二分法查找函数
                    break;
                case 3:
                    CreateSqList(L,id);         //创建表
                    TraverseSqList(L, id);      //显示数据表和索引表内容
                    printf("请输入要查找的元素：");
                    scanf("%d",&key);
                    pos = BlockSearch(L, id, key);
                    break;
                case 4:
                    return 0;
                default:
                    printf("\n选择错误,请重新输入：\n");
            }
            if(pos==0) printf("查找失败！\n");
            else printf("查找成功，该元素的位置为:%d\n",pos);
    }
    return 0;
}
```

6．功能测试

（1）顺序表顺序查找测试结果如图 7-2 所示。

图 7-2　顺序表顺序查找测试结果

（2）有序表二分查找测试结果如图 7-3 所示。
（3）分块表分块查找测试结果如图 7-4 所示。

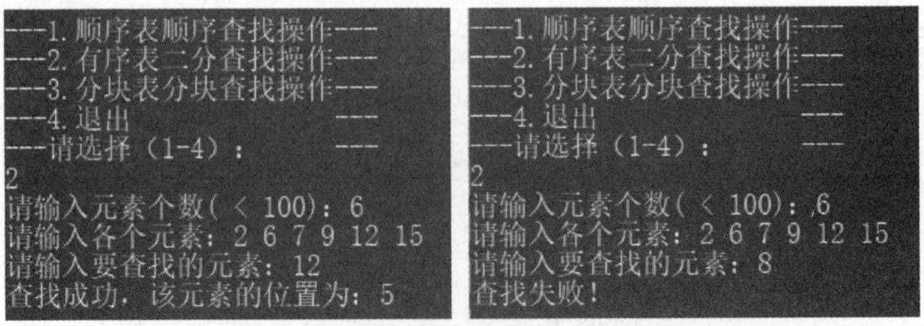

图 7-3　有序表二分查找测试结果

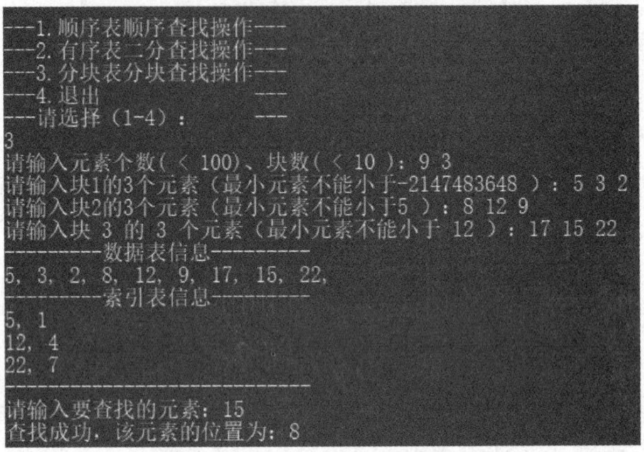

图 7-4　分块表分块查找测试结果

7.1.2　动态表查找

1. 实践目的

（1）理解动态表查找的基本概念。

（2）掌握动态表中二叉排序树在计算机中的存储结构。

（3）掌握二叉排序树的插入、创建、遍历、查找和删除操作的实现算法。

（4）能够正确编写程序验证二叉排序树在二叉链表存储结构上实现相关操作的正确性。

2. 实践内容

（1）实现二叉排序树的创建操作。

（2）实现二叉排序树的遍历和查找操作。

（3）实现二叉排序树节点的删除操作。

（4）设计功能选择菜单，用户可重复选择完成上述功能。

3. 数据结构设计

二叉排序树采用二叉链表存储结构，其存储结构描述如下：

```
typedef int KeyType;
typedef struct BSTNode
{
    KeyType data;                  //数据域
    BSTNode *lchild,*rchild;       //左右孩子指针
}BSTNode,*BSTree;
```

4. 实践方案

（1）二叉排序树插入函数 InsertBST (BSTree &T, KeyType e)

首先判断二叉排序树 T 是否为空树，若为空树，则把当前插入元素 e 作为根节点。否则比较待插入元素和根节点的值，若值相等，则不插入；若待插入元素大于根节点的值，则递归调用本函数，将值插入到右子树上，否则插入到左子树上。

（2）创建二叉排序树函数 CreateBST (BSTree &T, int n)

输入二叉排序树元素的个数 n，循环 n 次调用插入函数 InsertBST()，完成创建二叉排序树操作。

（3）二叉排序树遍历函数 InOrderTraverse (BSTree &T)

采用中序遍历输出二叉排序树节点信息。

（4）二叉排序树查找函数 SearchBST (BSTree T, int key)

在根指针 T 所指二叉排序树中递归地查找某关键字等于 key 的数据元素。若查找成功，则返回指向该数据元素节点的指针，否则返回空指针。

（5）二叉排序树删除函数 DeleteBST (BSTree &T, int key)

从二叉排序树 T 中删除关键字等于 key 的节点，分以下三种情况处理：

① 考虑被删节点为叶子节点。
② 考虑被删节点只有左子树或只有右子树。
③ 考虑被删节点的左子树和右子树均不空。

（6）设计功能选择菜单

```
---1. 创建二叉排序树---
---2. 二叉排序树遍历---
---3. 二叉排序树查找---
---4. 二叉排序树删除---
---5. 退出          ---
---请选择（1-5）：   ---
```

通过循环和分支语句实现用户可重复选择的功能菜单。根据菜单，选择对应功能的数字。其中"1"对应创建二叉排序树操作，"2"对应二叉排序树遍历操作，"3"对应二叉排序树查找操作，"4"对应二叉排序树删除操作，"5"对应退出程序。

5. 参考代码

```c
#include <stdio.h>
#include <stdlib.h>
#define OVERFLOW -1
#define OK 1
#define ERROR 0
typedef int KeyType;
typedef struct BSTNode
{
    KeyType data;                  //数据域
    BSTNode *lchild,*rchild;       //左右孩子指针
}BSTNode,*BSTree;

//二叉排序树元素插入函数
```

```c
int InsertBST(BSTree &T,KeyType e)
{
    if(!T)
    {
        //如果T为空树，则将插入节点作为根节点
        if(!(T=(BSTNode *) malloc(sizeof(BSTNode)))) return OVERFLOW;
        T->data = e;                        //把e存入数据域
        T->lchild = T->rchild = NULL;       //左右孩子指针赋值为空指针
    }
    if (T->data == e)      //若待插入值与根节点值相等，则不插入
        return ERROR;
    if (T->data < e)       //若待插入值大于根节点值，则插入到右子树上
        InsertBST(T->rchild, e);
    else                   //否则插入到左子树上
        InsertBST(T->lchild, e);
    return OK;
}

//创建一棵二叉排序树函数
void CreateBST(BSTree &T,int n)
{
    KeyType e;
    printf("请输入%d 节点的关键值(格式：5 8 7...)：",n);
    while (n--)
    {
        scanf("%d", &e);
        InsertBST(T, e);       //调用插入函数
    }
    printf("创建二叉排序树成功！\n");
}

//中序遍历输出二叉排序树节点信息
void InOrderTraverse(BSTree &T)
{
    if(T)
    {
        InOrderTraverse(T->lchild);
        printf(" %d ", T->data);
        InOrderTraverse(T->rchild);
    }
}

//在根指针T所指二叉排序树中递归查找某关键字等于 key 的数据元素
BSTree SearchBST(BSTree T,int key)
{
    //若查找成功，则返回指向该数据元素节点的指针，否则返回空指针
    if((!T)|| key==T->data) return T;                  //查找结束
    else if (key<T->data)  return SearchBST(T->lchild,key);
    else return SearchBST(T->rchild,key);
}

//从二叉排序树 T 中删除关键字等于 key 的节点
void DeleteBST(BSTree &T,int key)
{
    BSTree p = T;
    BSTree f = NULL;
    BSTree q,s;
    while(p)
```

```
        {
            if(p->data == key)  break;    //找到等于key的节点*p,结束
            f = p;                         //*f 为*p 的双亲节点
            if (p->data> key)  p=p->lchild;  //在左子树中继续查找
                else p=p->rchild;            //在右子树中继续查找
        }
        if(!p) return;                 //找不到被删节点则返回
        if ((p->lchild)&& (p->rchild))     //被删节点*p 左右子树均不空
    {
        q = p;
        s = p->lchild;
        while (s->rchild)    //在*p 的左子树中继续查找其前驱节点
        {
          q = s; s = s->rchild;}  //向右到尽头
            p->data = s->data;      //s 指向被删节点的"前驱"
            if(q!=p)
            {
            q->rchild = s->lchild;  //重接*q 的右子树
            }
            else  q->lchild=s->lchild;     //重接*q 的左子树
        delete s;
    }
    else
    {
        if(!p->rchild)
        {
            //被删节点*p 无右子树,只需重接其左子树
            q = p;
            p = p->lchild;
        }
        else if(!p->lchild)
        {
            //被删节点*p 无左子树,只需重接其右子树
            q = p;
            p = p->rchild;
        }
        if(!f)    T = p;               //被删节点为根节点
        else if(q==f->lchild)  f->lchild=p;  //挂接到*f 的左子树位置
        else f->rchild=p;                    //挂接到*f 的右子树位置
        delete q;
    }
}
int main( )
{
    BSTree T=NULL;
    BSTree S;
    int x,n,key;
    while(1)
    {
        printf("---1. 创建二叉排序树---\n");
        printf("---2. 二叉排序树遍历---\n");
        printf("---3. 二叉排序树查找---\n");
        printf("---4. 二叉排序树删除---\n");
        printf("---5. 退出            ---\n");
    printf("---请选择(1-5): ---\n");
```

```c
        scanf("%d",&x);
          if(x)
          switch(x)
        {
            case 1:
                printf("请输入二叉排序树中元素的个数：");
                scanf("%d", &n);
                CreateBST(T,n);
                break;
            case 2:
                printf("当前有序二叉树中序遍历结果为:");
                InOrderTraverse(T);
                printf("\n");
                break;
            case 3:
                printf("请输入待查找的关键字：");
                scanf("%d", &key);
                if (S=SearchBST(T,key))
                printf("查找成功,该关键字存在!\n");
                else
                printf("查找失败,不存在该关键字！\n");
                break;
            case 4:
                printf("请输入待删除的关键字：");
                scanf("%d", &key);
                DeleteBST(T,key);
                printf("删除后有序二叉树中序遍历结果为:");
                InOrderTraverse(T);
                printf("\n");
                break;
            case 5:
                return 0;
            default:
                printf("\n 选择错误,请重新输入：\n");
        }
    }
    return 0;
}
```

6. 功能测试

（1）创建二叉排序树测试结果如图 7-5 所示。

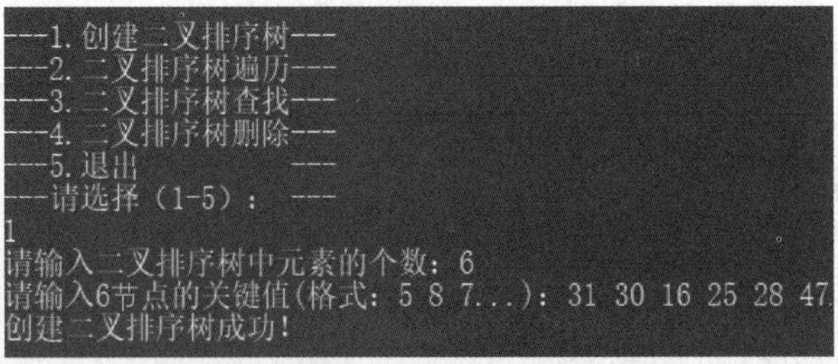

图 7-5　创建二叉排序树测试结果

（2）二叉排序树遍历测试结果如图 7-6 所示。
（3）二叉排序树查找测试结果如图 7-7 所示。
（4）二叉排序树删除测试结果如图 7-8 所示。

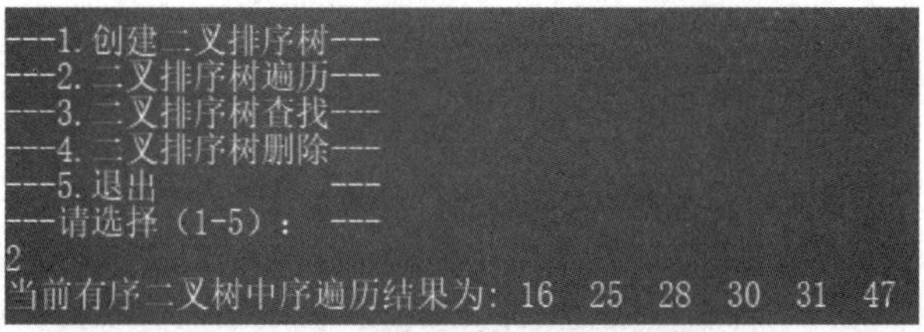

图 7-6　二叉排序树遍历测试结果

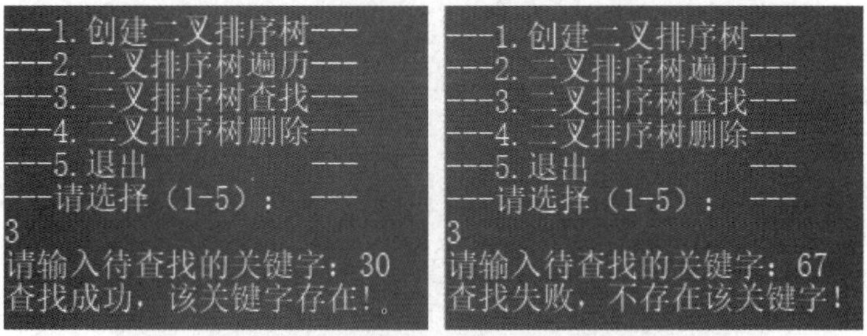

图 7-7　二叉排序树查找测试结果

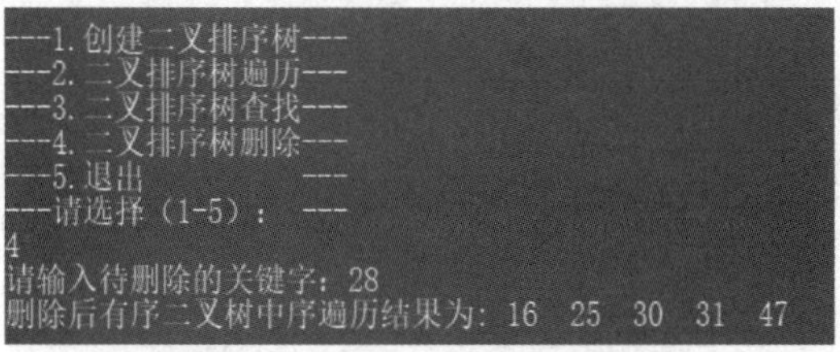

图 7-8　二叉排序树删除测试结果

7.2　基础进阶

7.2.1　基于斐波那契的学业预警状态查询问题*

1. 实践目的

（1）引导学生重视学业成绩，激发学生的学习热情，培养学生的自我激励、积极进取、刻苦学习态度，培养学生成为新时代社会主义建设者和接班人。

（2）能够正确分析学业预警状态查询问题中的关键问题，并设计解决思路。

（3）能够根据学业预警状态查询问题需实现的功能选择合适的存储结构。

（4）能够编写程序测试学业预警状态查询中使用斐波那契查找算法设计的正确性。

2. 实践背景

习近平总书记指出："青年一代有理想、有担当，国家就有前途，民族就有希望，实现我们的发展目标就有源源不断的强大力量。"2018 年 5 月 2 日，习近平主席来到北京大学考察，在北京大学师生座谈会上的讲话中指出："国势之强由于人，人材之成出于学。"强调了大学生成材重在"学"。

习近平总书记一直以来十分关心青年大学生的成长。他多次在和大学生的座谈讲话以及回信中，对大学生的学习提出了热切的寄语和希望，有"我们每个人都要终身学习"、"所有的成绩都是背后夜以继日的努力沉淀出来的"、"多读书、读好书"、"学生要好好干，好好学，好好干就是好好学"、"专业要学得宽一些，基础要打得厚一些"等。

《党的二十大报告》指出：教育、科技、人才是全面建设社会主义现代化国家的基础性、战略性支撑。必须坚持科技是第一生产力、人才是第一资源、创新是第一动力，深入实施科教兴国战略、人才强国战略、创新驱动发展战略，开辟发展新领域新赛道，不断塑造发展新动能新优势。

从实际情况看，部分大学生没有明确的学习目标，沉迷于游戏、抖音等娱乐而不能自拔，在学业上出现了问题，就像茫茫大海上一艘没有航标指引的小船。高校为保证大学生能达到毕业要求，通过在学习进度推进的不同阶段，密切关注学生动态，对不及格课程、缺课课时累计达到一定数量以及受处分等情况的学生采取提醒、教育等预先警示方式予以指出并责令改正。比如设置学业预警为三级，预警程度由低到高依次为：黄色预警、橙色预警、红色预警。学校通过学业预警机制，实行分类帮扶和"一人一策"动态管理，精准开展学业帮扶。

3. 实践内容

（1）分析学业预警状态查询问题中的关键要素及其操作，设计合适的数据存储结构。

（2）按学生学号顺序建立有序表，并在此基础上实现斐波那契查找算法。

（3）输入输出说明如下：

① 首先输入学生的人数 n，随后分行输入 n 个学生的学业预警等级信息，每条学业预警等级信息由学号、姓名和预警等级三部分构成，之间用空格隔开，其中用 0 表示无预警，1 表示黄色预警，2 表示橙色预警，3 表示红色预警。例如，如果输入信息"10□张三□1"（"□"表示空格），则表示学生学号为 10，姓名为张三，学业预警等级为黄色预警。

② 当需要进行某个学生学业预警等级查询时，先输入待查找学生的学号，程序输出相应的学业预警等级（无预警、黄色预警、橙色预警或红色预警）。

4. 数据结构设计

本实践的数据处理对象是 n 个学生的学业预警等级信息，每条学业预警等级信息包含学号、姓名和预警等级三个数据项，其中学号字段使用整数类型；姓名字段使用长度为 10 的字符数组存储；预警等级使用整数类型，取值范围为 0～3。n 个学生的数据表按学号从小到大有序存储，采用顺序存储结构创建斐波那契查找表，其存储结构描述如下：

```
#define MAXSIZE  100
typedef struct              //学生的学业预警等级信息
{
    int no;                 //学号
    char name[10];          //姓名
    int grade;              //预警等级
}KeyType;
typedef struct
{
    KeyType *R;
    int length;             //当前元素的个数
}FibTable;
```

5. **实践方案**

（1）创建一个斐波那契数组函数 Create_Fib (int *F)

创建一个长度为 MAXSIZE 的数组 F，存储斐波那契数列的前 MAXSIZE 项。在数学上，斐波那契数列按如下递推的方法定义：

$$\begin{cases} F(0)=0, \ F(1)=1 \\ F(n)=F(n-1)+F(n-2), \ (n \geq 2) \end{cases}$$

（2）创建斐波那契查找表函数 Create_FibTable (FibTable &L)

输入斐波那契查找表中元素的个数 elemnum，循环 elemnum 次完成斐波那契查找表创建操作。

（3）斐波那契查找操作函数 Search_Fib (FibTable L, int n, int key)

实现在查找表 L 中查找学号关键字 key，返回位置 pos，若 pos 值为-1，表示查找失败，否则 pos 为关键字 key 在表中的位置。函数参数中 L 为要查找表，n 为要查找的数组长度，key 为要查找的关键字，斐波那契查找算法步骤如下：

① 构建斐波那契数列。

② 计算数组长度 n 对应的斐波那契数列元素个数 k。策略是采用"大于数组长度的最近一个斐波那契数值"。比如当前元素个数 n 为 10，斐波那契数列中大于 10 的最近元素为 13。

③ 对数组 L.R 进行填充。确定了斐波那契数值 k 之后，将数组第 n 位到 $F[k]$-1 位进行填充，使用数组中的最大值进行填充，即第 11 位到 13 位均为第 10 位的值。

④ 循环进行区间分割，查找中间值 mid=low+$F(n-1)$-1。

⑤ 判断中间值 L.R[mid]和待查关键字 key 的大小，确定更新策略。

若 key 等于 L.R[mid]，说明找到了 key。

若 key 小于 L.R[mid]，说明 key 在左区间。由于左区间长度为 $F(n-1)$，因此应该将 n 更新为 n-1，然后再次执行④、⑤两步。

若 key 大于 L.R[mid]，说明 key 在右区间。由于右区间长度为 $F(n-2)$，因此应该将 n 更新为 n-2，然后再次执行④、⑤两步。

（4）性能分析

斐波那契查找算法同二分法查找一样，时间复杂度都是 $O(\log_2 n)$，不同之处在于二分法查找进行的是加法和除法运算 mid=(low+high)/2，而斐波那契查找只是简单的加减法运算 mid=low+$F(n-1)$-1。当数据满足均匀分布时，二分法查找更加优秀，当数据满足指数分布时斐波那契查找算法更好，所以要根据数据特点来选择查找方法，能够很大程度上提高查找效率。

6. **参考代码**

```
#define OVERFLOW -1
#define OK 1
#define ERROR 0
#define MAXSIZE  100      // 表中最大元素个数
typedef struct           //学生的学业预警等级信息
{
    int no;
    char name[10];
    int grade;
```

```c
}KeyType;
typedef struct
{
    KeyType *R;
    int length;                  //当前元素的个数
}FibTable;

//创建斐波那契数组函数
void Create_Fib(int *F)
{
    int i;
    F[0] = 0;
    F[1] = 1;
    for(i=2;i<MAXSIZE;++i)
        F[i]=F[i-1]+F[i-2];
}

//创建斐波那契查找表函数
int Create_FibTable(FibTable &L)
{
    int elemnum, i;
    printf("请输入学生人数(<100): ");
    scanf("%d", &elemnum);
    if(!(L.R=(KeyType *) malloc(sizeof(KeyType)*elemnum)))
    return OVERFLOW;
    L.length = elemnum;
    printf("请分行各学生学业预警等级信息(学号有序): \n");
    for(int i=0;i<L.length;i++)
    {
        printf("第%d个学生(学号 姓名 等级，如:10 张三 1): ",i+1);
        scanf("%d%s%d",&L.R[i].no,&L.R[i].name,&L.R[i].grade);
    }
    return OK;
}

int Search_Fib(FibTable L,int n,int key)
{
    int low = 0;
    int high=n-1;
    int k=0;
    int i,mid;
    int F[MAXSIZE];
    Create_Fib(F);               //构造一个斐波那契数组 F
    while (n>F[k]-1)             //计算 n 位于斐波那契数列的位置
        ++k;
    for(i=n;i<F[k]-1;++i)        //把数组补全，使用 L.R[n-1]的值
        L.R[i] = L.R[high];
    while(low<=high)
    {
        mid=low + F[k-1]-1;      //根据斐波那契数列确定分割点
        if(L.R[mid].no>key)
        {
            high=mid-1;
            k=k-1;
        }
        else if(L.R[mid].no < key)
        {
            low=mid+1;
```

```
            k=k-2;
        }
        else
        {
            if(mid <= high)       //如果为真则找到相应的位置
                return mid;
            else
                return -1;
        }
    }
    return -1;
}
```

扫描二维码查看完整程序代码。

扫码查看 7.2.1.cpp

7. 功能测试

（1）查找成功测试结果如图 7-9 所示。

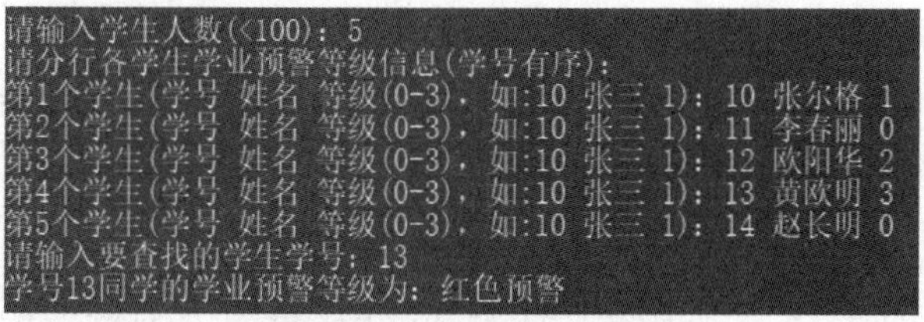

图 7-9　查找成功测试结果

（2）查找失败测试结果如图 7-10 所示。

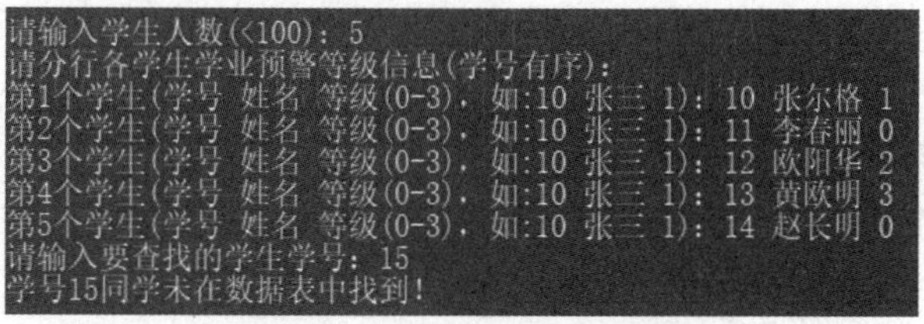

图 7-10　查找失败测试结果

7.2.2　基于哈希表的信用等级查询系统*

1. 实践目的

（1）引导学生坚守诚信的传统美德，培养学生树立"做诚信人、说诚信话、做诚信事"的诚信意识。

（2）能够正确分析信用等级查询系统中的关键问题，并设计解决思路。

（3）能够根据诚信的相关活动计算出对应的信用等级，并为信用等级查询系统需实现的功能选择合适的存储结构。

（4）能够编写程序测试信用等级查询系统相关算法设计的正确性。

2. 实践背景

社会主义核心价值观中的"诚信"是中华民族发展和弘扬几千年的优秀历史文化传统，是每个大学生应有的道德基础。无诚信则无法以真诚之心对待他人，大学生坚守诚信的传统美德，能够提升自己的人际交往能力及各个层面的行为素养。加强大学生诚信教育，为社会主义现代化建设输送德能兼备的合格人才，已是大学思想政治教育的当务之急。

但是，面对社会上的造假和朽败等一些不良风气，不少大学生出现了诚信缺失的问题，如抄袭作业、考试作弊、恶意拖欠学费、助学贷款违约、求职简历中弄虚作假、公费师范生违约等。

真实案例1：2010年上半年全国大学英语四六级考试于6月19日举行，黑龙江省有近32万名考生参加了这次考试。经招考部门调查复核，黑龙江省共查处违纪作弊考生399人，考试管理机构已按有关规定全部取消其本次考试成绩。这些考生所在的高校，均已按照高校学生管理等规定，对这些学生给予相应处分，并在校内张榜公布。其中，14人被开除学籍，8人被开除学籍试读一年，留校察看的有161人，有216人被记过。据了解，这些考生的违纪作弊行为多种多样，有的是替考，有的是打小抄、传纸条、偷窥他人试卷，有些则利用通信工具作弊。

失信后果：教育部表示，有关部门将按相关规定严肃处理违规考生，触犯法律人员将被移交司法机关追究刑事责任。同时，考生在全国大学英语四六级考试中的违规事实将被记入考生诚信档案，并受到最高开除学籍的处罚。

真实案例2：2001年10月，某校大学生吴某向中国银行杭州杭海路支行申请了4800元助学贷款，在双方签订《中国银行国家助学借款合同》后，该行随后向吴某发放了贷款，期限3年，月利率为千分之四点九五，双方约定于2004年12月11日前偿还贷款本息。但在贷款到期后，吴某未偿还贷款，共欠银行本金4800元及利息800余元。另薛某、郑某和陈某等3人为吴某校友，他们当时分别也向上述银行申请贷款4800元、5000元、5000元，贷款到期后仍分别欠款3200元、2500元、2000元。据了解，吴某等4人已毕业四五年，由于更改了当时留下的联系方式，现在无法找到。

失信后果：助学贷款的贷款期限为剩余学制加15年，最长不超过22年。助学贷款逾期不还，即借款人发生了逾期现象，不仅要付出罚息和违约金，还会产生不良信用记录，影响个人信用。

这些现象虽然只存在于少数的大学生之中，但它对于构建和谐社会，对于国家的发展和未来都有着极大的影响，这些诚信缺失的现象不仅严重损害了大学生的形象，产生了不良的社会影响，而且对于大学生自身的健康发展也是极为不利的。

3. 实践内容

（1）编程实现信用等级查询系统，系统的具体功能模块如图7-11所示。

（2）要求通过身份证号进行数据的查询、修改、删除和插入操作，使用哈希查找表实现。

（3）分析信用等级查询系统中的关键要素及其操作，设计合适的数据存储结构和算法。

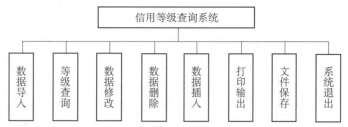

图 7-11 信用等级查询系统功能模块图

4. 数据结构设计

本实践要求通过身份证号进行数据的查询、修改、插入和删除操作，设计身份证号由 18 位字符组成，考虑采用数字分析法和除留余数法实现哈希查找。采用链地址法解决地址冲突，其存储结构描述如下：

```
#define SIZE 12          //定义最大哈希表长度为20
#define M 11             //定义小于哈希表长度的最大质数
typedef char PidType[18];            //定义身份证类型
typedef struct
{
    PidType pid;      //身份证号码
    int  value;       //信用值
}KeyType;        //存放学生信用记录的结构体类型
typedef struct Hnode
{
    KeyType r;                //学生信用记录的数据域
    struct Hnode *next;       //指针域，指向下一个记录
}Hnode,*Hlink;               //链表中的节点类型
Hlink head[SIZE];            //静态数组
```

5. 实践方案

（1）计算哈希地址操作函数 Value_hashtable (PidType id)

根据身份证号计算哈希地址。公民的身份证号的第 3～4 位代表地、市级政府代码，第 7～10 位代表出生年份，第 11～12 位代表出生月份，第 13～14 位代表出生当月日期，第 15～17 位代表当地的顺序码、性别等。本实践选择身份证号的第 4、10、12、14、17 位组成一个新的整数，再用该整数通过除留余数法获得哈希地址，公式如下：

$H(pid)=((id[3]-'0')*pow(10,4)+(id[9]-'0')*pow(10,3)+(id[11]-'0')*pow(10,2)+(id[13]-'0')*pow(10,1)+(id[16]-'0')) \% M$

其中 $H(pid)$ 为通过身份证号 pid 求得的哈希地址，$id[i](i=0～17)$ 为存储身份证号的字符数组第 i 位的字符，M 为小于哈希表长度的最大质数。

（2）哈希查找函数 Search_hashtable (Hlink head[], PidType id)

在哈希表 head[]中查找用户身份证号码 id，若查找成功，返回指向记录的指针，若查找不成功，则返回空指针。

信用等级查询功能：用户输入待查询的身份证号，调用 Search_hashtable 函数，若查找成功则返回信用值，否则提示数据不存在。信用等级依据返回的信用值（0～100）范围确定，具体规则为：信用值≥90：A 级，80～89：B 级，70～79：C 级，<70：D 级。

（3）数据插入函数 Insert_hashtable (Hlink head[], PidType id, int v)

首先调用哈希查找 Search_hashtable 函数，判断待插入的记录是否已在哈希表 head[] 中。若存在，则返回提示信息，否则把新的记录插入到哈希表中。

（4）数据导入函数 data_read (char filename[])

通过指定文件导入数据，文件中每行记录依次调用 Insert_hashtable 函数完成哈希表的创建。

（5）数据修改函数 modify_hashtable (Hlink head[], PidType id)

在哈希表 head[] 中查找待修改的身份证号 id，若查找成功，则修改信用值，否则返回提示信息。

（6）数据删除函数 del_hashtable (Hlink head[], PidType id)

在哈希表 head[] 中查找待删除的身份证号 id。若查找成功，则删除记录，否则返回提示信息。

（7）打印输出函数 print_hashtable (Hlink head[])

以链地址的形式输出哈希表中的记录。

（8）文件保存函数 save_hashtable (Hlink head[], char fileName[])

把当前哈希表中的记录保存到指定文件中。

（9）功能菜单函数 Menu ()

显示信用等级查询系统的功能菜单。

6. 参考代码

```c
#define SIZE 12            //定义最大哈希表长度为20
#define M 11               //定义小于哈希表长度的最大质数
typedef char PidType[18];  //定义身份证类型
typedef struct
{   PidType pid;           //身份证号码
    int value;             //信用值
}KeyType;                  //存放学生信用记录的结构体类型

typedef struct Hnode
{
    KeyType r;             //学生信用记录的数据域
    struct Hnode *next;    //指针域，指向下一个记录
}Hnode,*Hlink;             //链表中的节点类型
Hlink head[SIZE];          //静态数组

//根据身份证号码pid计算哈希地址函数
int Value_hashtable(PidType id)
{
    int hpid;
    hpid=(id[3]-'0')*pow(10,4)+(id[9]-'0')*pow(10,3)+(id[11]-'0')\
    *pow(10,2)+(id[13]-'0')*pow(10,1)+(id[16]-'0');
    return hpid % M;       //返回哈希值
}

//在哈希表head中根据身份证号码查找用户函数
Hlink Search_hashtable(Hlink head[], PidType id)
```

```c
    int i;    Hlink p;
    i = Value_hashtable(id);
    for (p = head[i]; p && (strcmp(p->r.pid, id) != 0); p = p->next);
    return p;
}

//在哈希表head中插入新的记录
int Insert_hashtable(Hlink head[], PidType id,int v)
{
int i;
Hlink p, q;
    p = Search_hashtable(head, id);        //查找该记录是否已经存在
    q = (Hlink) malloc(sizeof(Hnode));     //生成一个新记录节点
    strcpy(q->r.pid, id);
    q->r.value = v;
    q->next = NULL;
    if (p != NULL) //插入不成功
    {
        printf(" 身份证号码为%s的用户记录已经存在。", id);
        printf(" 记录插入失败。\n");
    }
    else
    {
        i = Value_hashtable(id);
        q->next = head[i];    //将q插入到对应哈希地址值的链表的表头
        head[i] = q;
    }
    return 1;
}

//文件数据读入
void data_read(char filename[])
{
int n=0;
    KeyType grecord;
    FILE *fp = NULL;
    if ((fp=fopen(filename,"r"))==NULL)
{
        printf(" 文件打开失败,请确认文件路径!");
        exit(0);
}
else
{
        printf(" 文件导入哈希表成功!\n");
        while(!feof(fp))
        {
            fscanf(fp,"%s %d\n",grecord.pid,&grecord.value);
            Insert_hashtable(head, grecord.pid,grecord.value);
            n++;
        }
    fclose(fp);              //关闭文件
    }
}

//保存哈希表到文件中
void save_hashtable(Hlink head[],char fileName[])
{
```

```c
    int i;
    Hlink p,q;
    FILE *fp = NULL;
    if ((fp=fopen(fileName,"w"))==NULL)
    {
        printf(" 文件打开失败!");
        exit(0);
    }
    else                        //保存结果到磁盘 TXT 文本文件中
    {
        for(i=0;i<SIZE;i++)
        {
            for (p = head[i]; p !=NULL; p = p->next)
                fprintf(fp,"%s %d\n",p->r.pid,p->r.value);
        }
    }
    fclose(fp);                 //关闭文件
    printf(" 文件保存成功!\n");
}

//打印哈希表
void print_hashtable(Hlink head[])
{
    int i;      Hlink p,q;
    for(i=0;i<SIZE;i++)
    {
        printf(" %2d",i);
        for (p = head[i]; p !=NULL; p = p->next)
            printf("->(%s,%d)",p->r.pid,p->r.value);
        printf("\n");
    }
}

//在哈希表 head 中查找用户 id,若查找成功,则修改信用值
int modify_hashtable(Hlink head[], PidType id)
{
    int i;
    Hlink p;
    i = Value_hashtable(id);
    p = head[i];
    while(p!=NULL)
    {
        if (strcmp(p->r.pid, id) != 0)
            p = p->next;
        else
        {
            printf(" 请更新该同学信用值: ");
            scanf("%d", &p->r.value);
            break;
        }
    }
    if (p==NULL) printf(" 用户记录不存在! \n");
    return 1;
}

//删除哈希节点函数
int del_hashtable(Hlink head[], PidType id)
{
```

```c
    int i;
    int flag=1;
    Hlink p,pre;
    i = Value_hashtable(id);
    p = head[i];
    if(strcmp(p->r.pid, id) == 0)          //删除第一节点时
    {
        head[i]=NULL;
        free(p);
    }
    else
    {
        while(p!=NULL)
        {
            if (strcmp(p->r.pid,id) != 0)
            {
                pre = p;
                p = p->next;
            }
            else
            {
                pre->next = p->next;
                printf(" 用户记录删除成功！\n");
                free(p);
                break;
            }
        }
    }
    if (p==NULL)  printf(" 用户记录不存在！\n");
    return 1;
}

//显示信用等级查询系统功能界面
int Menu()
{
    int key,flag=1;
    printf("\n -------------信用等级查询系统--------------\n");
    printf(" *                                          *\n");
    printf(" *      1:数据导入          2:等级查询      *\n");
    printf(" *      3:数据修改          4:数据删除      *\n");
    printf(" *      5:数据插入          6:打印输出      *\n");
    printf(" *      7:文件保存          0:系统退出      *\n");
    printf(" *  (>=90:A级,80-89:B级,70-79:C级,<70:D级)  *\n");
    printf(" -------------------------------------------\n");
    printf(" 根据菜单提示进行输入：");
    while(flag)
    {
        scanf("%d",&key);
        if(key>=0&&key<=7)
        {
            flag=0;
            return key;
        }
        else printf(" 菜单选择输入错误，请重新输入：");
    }
}
```

扫描二维码查看完整程序代码。

扫码查看 7.2.2.cpp

7. 功能测试

（1）数据导入功能测试结果如图 7-12 所示。

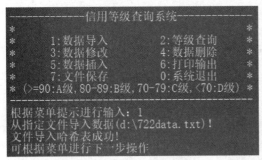

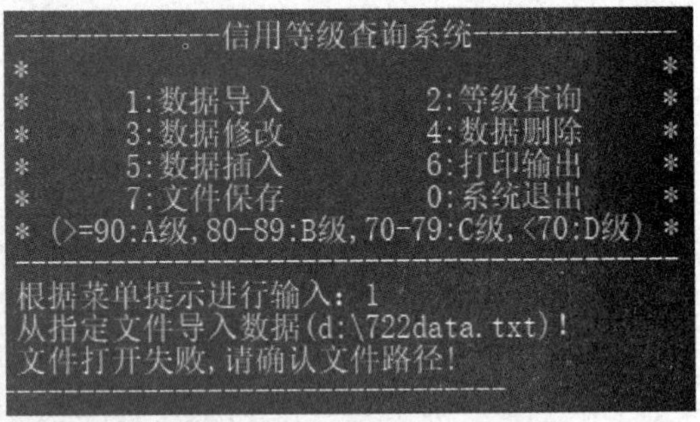

图 7-12　数据导入功能测试结果

（2）等级查询功能测试结果如图 7-13 所示。

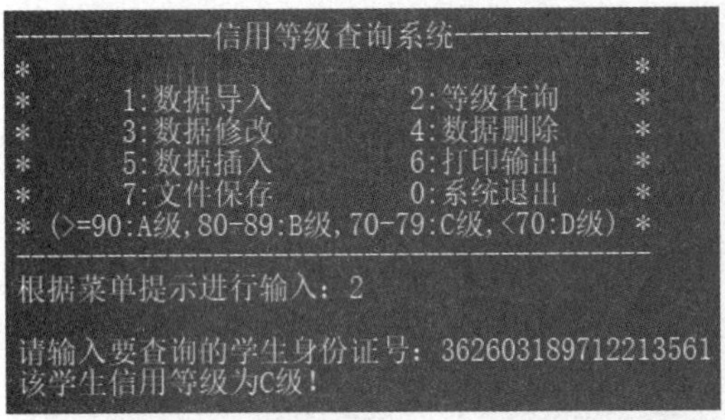

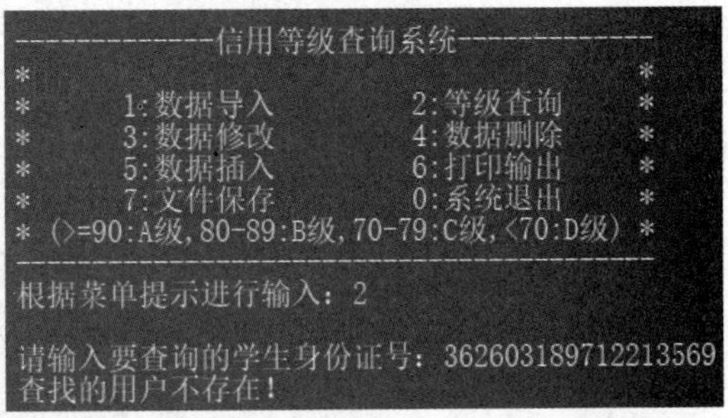

图 7-13　等级查询功能测试结果

（3）数据修改功能测试结果如图 7-14 所示。

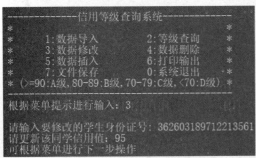

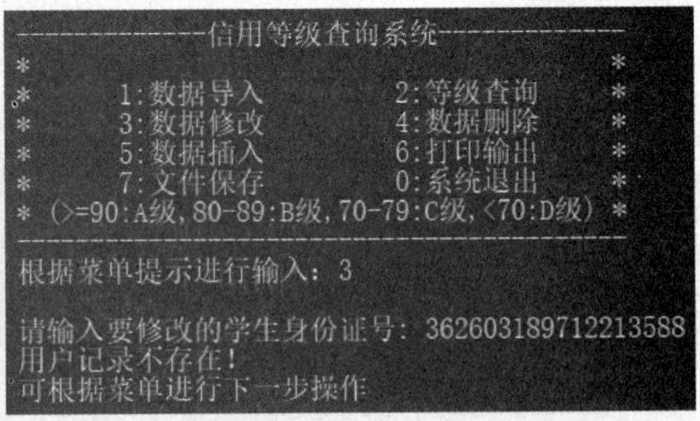

图 7-14　数据修改功能测试结果

（4）数据删除功能测试结果如图 7-15 所示。

（5）数据插入功能测试结果如图 7-16 所示。

（6）打印输出功能测试结果如图 7-17 所示。

（7）文件保存功能测试结果如图 7-18 所示。

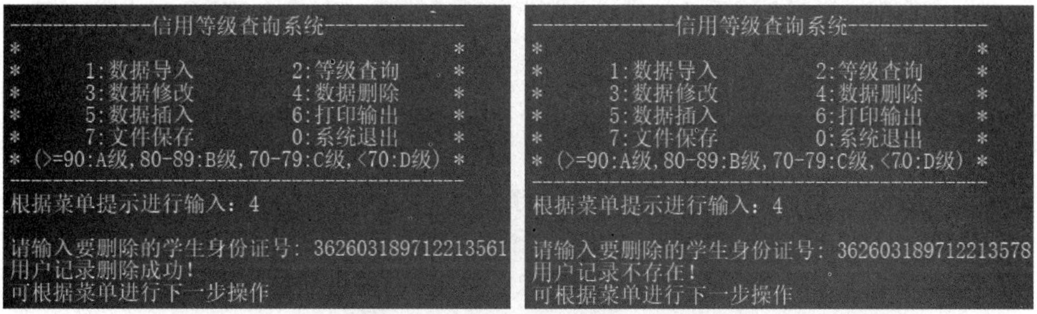

图 7-15 数据删除功能测试结果

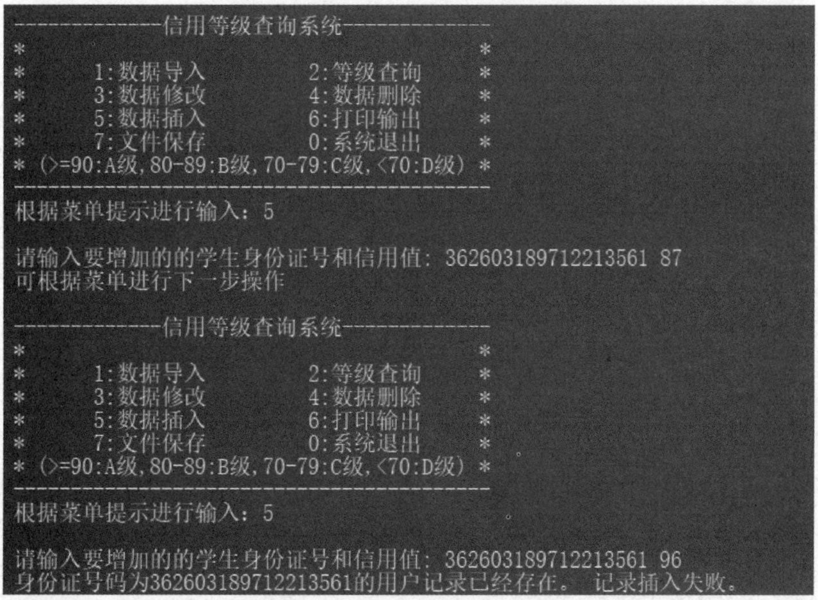

图 7-16 数据插入功能测试结果

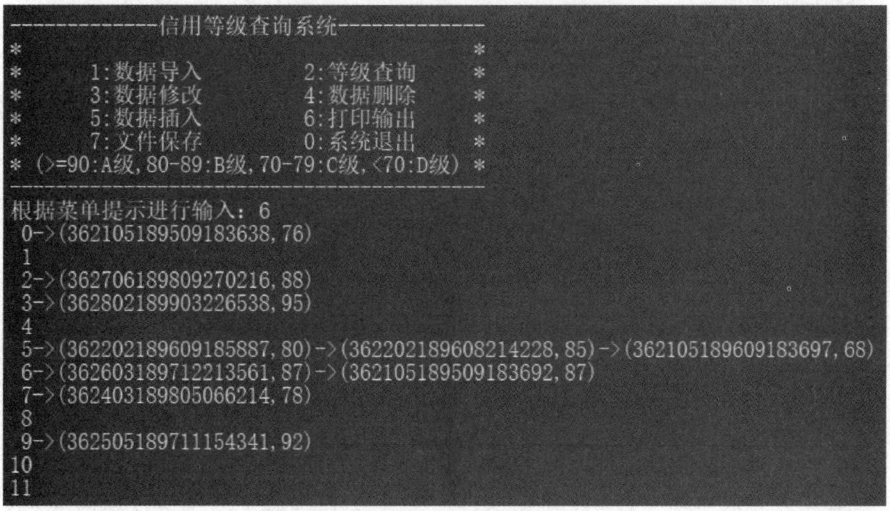

图 7-17 打印输出功能测试结果

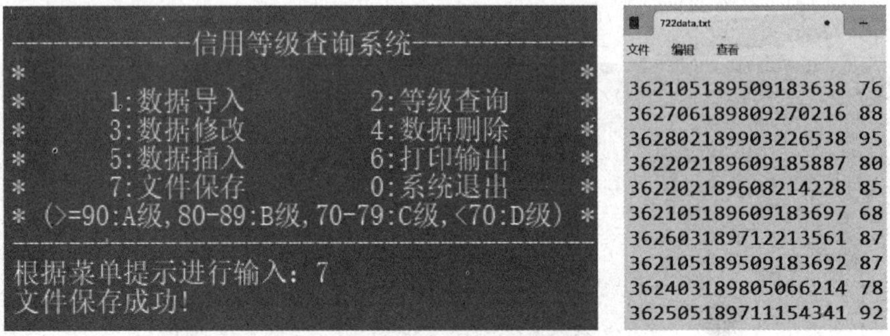

图 7-18　文件保存功能测试结果

7.3　竞赛进阶

7.3.1　有效的字母异位词

1. 实践内容【LeetCode 242】

给定两个字符串 s 和 t，编写一个函数来判断 t 是否是 s 字母异位词，s 和 t 仅包含小写字母 a~z。

注意：若 s 和 t 中每个字符出现的次数都相同，则称 s 和 t 互为字母异位词。

示例 1：

输入：s = "anagram", t = "nagaram"
输出：true

示例 2：

输入：s = "rat", t = "car"
输出：false

2. 实践方案

方案一：采用排序方法

将串 s 和串 t 进行排序，若排序后两个字符串相同，则表示 t 是 s 字母异位词，否则不是。此外，如果串 s 和串 t 的长度不同，则 t 不是 s 的变位词，可提前返回 false。该方法的时间复杂度取决于排序算法（具体可参见本书第 8 章相关内容），若采用快速排序，时间复杂度为 $O(n\log_2 n)$，n 为串 s 的长度。该方法不是最优解，可以采用哈希表方法解决。

方案二：采用哈希表方法

题目需要判断两个字符串中出现的字母和频次是否一致，可以使用一个计数器数组 counter[26]，设计哈希函数把串的每个字符映射到数组 counter 对应位置上，记录该字母出现的频次，具体步骤如下：

（1）首先判断两个字符串长度是否相同，不相同则直接返回 false。

（2）采用哈希函数 hash=s[i]−'a'，把串 s 中所有的字符出现个数使用计数器 counter[hash]++ 统计，给 counter 数组对应字母的频次计数加 1，如图 7-19 所示。

	s	a	n	a	g	r	a	m

a	b	c	d	e	f	g	h	i	j	k	l	m	n	o	p	q	r	s	t	u	v	w	x	y	z
3	0	0	0	0	0	1	0	0	0	0	0	1	1	0	0	0	1	0	0	0	0	0	0	0	0

图 7-19　counter 数组对应字母的频次计数加 1

（3）采用哈希函数 hash=t[*i*]-'a'，把串 t 中所有的字符出现个数使用计数器 counter[hash]--统计，给 counter 数组对应字母的频次计数减 1，如果期间计数器出现小于零的情况，则说明 r 中包含一个不存在于串 s 中的字母，直接返回 false，如图 7-20 所示。

	t	n	a	g	a	r	a	m

a	b	c	d	e	f	g	h	i	j	k	l	m	n	o	p	q	r	s	t	u	v	w	x	y	z
0	0	0	0	0	0	0	0	0	0	0	0	0	0	0	0	0	0	0	0	0	0	0	0	0	0

图 7-20　counter 数组对应字母的频次计数减 1

（4）最后检查计数器是否归零。该算法的时间复杂度为 $O(n)$，n 为串 s 的长度，使用了额外的一个数组空间，空间的复杂度为 $O(1)$。

本实践根据上述方案二进行编程实现，主要的函数功能介绍如下。
（1）判断字母异位词函数 JudgeAnagram (char *s, char *t)
采用方案二的哈希表方法，判断串 s 和串 t 是否为字母异位词。
（2）主函数 main ()
完成串 s 和串 t 的输入，调用 JudgeAnagram 函数判断串 s 和串 t 是否是字母异位词，根据返回的布尔值输出对应提示。

3. 参考代码

```c
#define MAXSIZE 50
bool JudgeAnagram(char *s,char *t)
{
    int counter[26]={0};   //设置数组对应26个字母频次初值为0
    int i,hash;
    if(strlen(s)!=strlen(t))
        return false;      // 串 s 和串 t 长度不相等时，返回 false
    for(i=0;i<strlen(s);i++)
    {
        hash=s[i]-'a';     // 哈希函数
        counter[hash]++;   //串 s 给 counter 数组对应字母的频次计数加 1
    }
    for(i=0;i<strlen(t);i++)
    {
        hash=t[i]-'a';     // 哈希函数
        counter[hash]--;   //串 t 给 counter 数组对应字母的频次计数减 1
        if (counter[hash]<0) //若计算器值小于零，则表示 t 中包含
            return false;    //一个不在 s 中的额外字母，返回 false
    }
    return true;             //查找 counter[hash]值都为 0，返回 true
}
```

扫描二维码查看完整程序代码。

扫码查看 7.3.1.cpp

4. 功能测试

（1）示例 1 测试结果如图 7-21 所示。

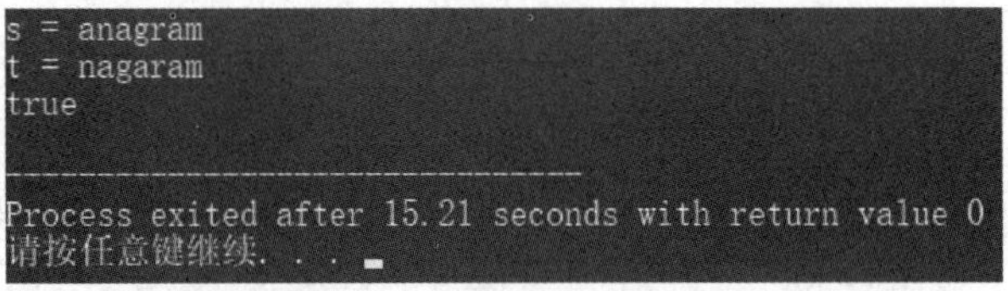

图 7-21　示例 1 测试结果

（2）示例 2 测试结果如图 7-22 所示。

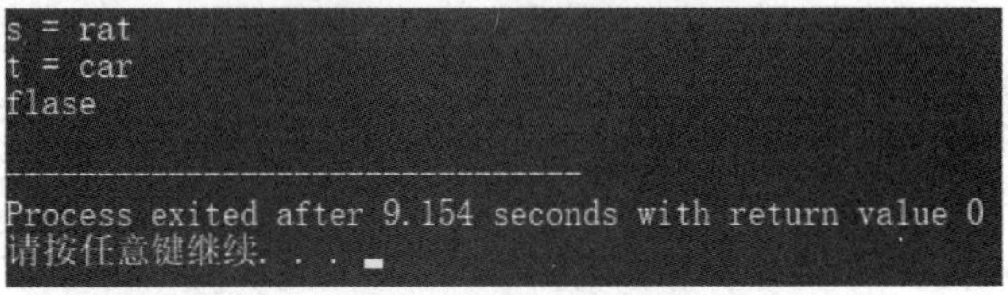

图 7-22　示例 2 测试结果

7.3.2　寻找旋转排序数组中的最小值

1. 实践内容【LeetCode 154】

已知一个长度为 n 的数组，预先按照升序排列，经由 1 到 n 次旋转后，得到输入数组。例如，原数组 nums = [0,1,4,4,5,6,7]在变化后可能得到：

若旋转 4 次，则可以得到[4,5,6,7,0,1,4]

若旋转 7 次，则可以得到[0,1,4,4,5,6,7]

注意，数组[a[0], a[1], a[2],…, a[n-1]]旋转一次的结果为数组[a[n-1], a[0], a[1], a[2],…, a[n-2]]。

给定一个可能存在重复元素值的数组 nums，它原来是一个升序排列的数组，并按上述情形进行了多次旋转。请找出并返回数组中的最小元素。

必须尽可能减少整个过程的操作步骤。

示例 1：

输入：nums = [1,3,5]
输出：1

示例 2：

输入：nums = [2,2,2,0,1]
输出：0

提示：

```
n == nums.length
1 <= n <= 5000
-5000 <= nums[i] <= 5000
nums 原来是一个升序排序的数组，并进行了 1 至 n 次旋转
```

2. 实践方案

方案一：采用数组遍历的方法

该算法的思想很容易想到，就是遍历数组各个元素，由旋转数组可以看出两个部分均为有序的数组，因此遍历这个数组过程中当后一个数字小于前一个数字时，则后一个（即较小）一定为整个数组中最小的数字。

这个算法的思想简单，算法时间复杂度是 $O(n)$。

方案二：采用二分查找的方法

由旋转数组可以看出两个部分均为有序的数组，故可以采用类似二分查找的方法。该算法的具体步骤如下。

（1）置查找区间初值：设置 low 为数组的第一个元素的下标 0，设置 high 为数组的最后一个元素的下标 size−1，size 为表长。

（2）当 low < high 时，循环执行以下操作：

① mid 取 low 和 high 的中间值，mid = (low+high)/2。

② 比较数组 arr[]中间元素和右边界元素值的大小，若中间元素大于右边界元素，则说明最小值在右侧，因此将 low 更新为 mid+1，缩小搜索范围为右半部分。

③ 若中间元素小于右边界元素，则说明最小值在左半部分或者中间元素就是最小值，因此将 high 更新为 mid，缩小搜索范围为左半部分或者包括 mid 的部分。例如，nums=[2,3,0,1,2]，此时，中间元素 0 小于右边界元素 2，最小值在中间元素上。

④ 若中间元素等于右边界元素，无法确定最小值在左半部分还是右半部分，可以缩小右边界，high--。例如，nums=[2,2,2,7,2]和 nums=[2,2,2,1,2]，中间元素和右边界元素都为 2，相等，最小值有可能在左半部分或右半部分。

（3）循环结束，此时，搜索区间缩小到一个元素或者为空，而 low 指向的元素就是旋转数组中的最小值。

该算法的效率高，算法时间复杂度是 $O(\log_2 n)$。

本实践根据上述方案二进行编程实现，主要的函数功能介绍如下。

（1）查找旋转数组最小值函数 SearchMin (int *arr, int size)

采用方案二的二分查找方法，查找旋转数组最小值，若查找成功，则返回最小值。

（2）主函数 main ()

完成旋转数组的初始化，调用 SearchMin 函数输出最小值。

3. 参考代码

```
int SearchMin(int *arr,int size)
{
    int low = 0;
```

```
    int high = size-1,mid;
    while(low<high)
    {
        mid = (low+high)/2;
        if (arr[mid] > arr[high])
        {
            //若中间元素大于右边界元素,说明最小值在右侧
            low = mid+1;
        }
        else if(arr[mid] < arr[high])
        {
            //中间元素小于右边界元素,则最小值在左侧或中间元素是最小值
            high = mid;
        }
        else
        {
            //若中间元素等于右边界元素,无法确定
            //最小值在左侧还是右侧,缩小右边界
            high--;
        }
    }
    return arr[low];
}
```

扫描二维码查看完整程序代码。

扫码查看 7.3.2.cpp

4. 功能测试

(1) 示例 1 测试结果如图 7-23 所示。

图 7-23 示例 1 测试结果

(2) 示例 2 测试结果如图 7-24 所示。

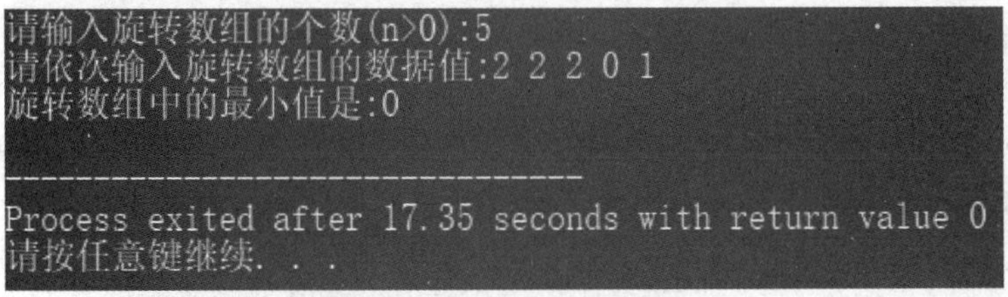

图 7-24 示例 2 测试结果

7.4 考研进阶

7.4.1 求两升序序列的中位数

1. 实践内容【2011 年全国硕士研究生入学考试 408 试题】

一个长度为 $L(L\geqslant1)$ 的升序序列 S，处在第 $[L/2]$ 个位置的数称为 S 的中位数。例如，若序列 S_1=(11，13，15，17，19)，则 S_1 的中位数是 15，两个序列的中位数是含它们所有元素的升序序列的中位数。例如，若 S_2=(2，4，6，8，20)，则 S_1 和 S_2 的中位数均是 11。现在有两个等长升序序列 A 和 B，试设计一个在时间和空间两方面都尽可能高效的算法，找出两个序列 A 和 B 的中位数。

要求：
（1）给出算法的基本设计思想。
（2）根据设计思想，采用 C 或 C++语言描述算法，关键之处给出注释。
（3）说明所设计算法的时间复杂度和空间复杂度。

2. 实践方案

方案一：采用数组合并的方法

这个算法的思想就是将两个数组合并后取中位数。设数组 A 的元素个数为 m，数组 B 的元素个数为 n，开辟辅助空间 $C[0:m+n-1]$ 用于记录合并后的数组，最后返回 $C[(m+n-1)/2]$。这个算法的思想简单，算法时间复杂度为 $O(n)$，空间复杂度为 $O(n)$。

方案一中算法的实现函数如下：

```c
int findMedianSortedArrays(int *A, int *B, int n)
{
    int C[2*n];
    int i = 0, j = 0, p = 0;
    while (i < n && j < n)
    {
        if (A[i] <= B[j])
        {
            C[p++] = A[i++];
        }
        else C[p++] = B[j++];
    }
    while (i < n)
    {
        C[p++] = A[i++];
    }
    while (j < n)
    {
        C[p++] = B[j++];
    }
    return C[n - 1];
}
```

方案二：采用二分查找优化的方法

分别求两个升序序列 A、B 的中位数，设为 a 和 b，求序列 A、B 的中位数过程如下。

（1）若 a = b，则 a 或 b 即为所求中位数。当 a = b 时，容易得到两个序列在数轴上的大小关系，虽然左右两边并没有绝对大小关系，但是中位数的选取只跟中间位置有关，所以并不影响，如图 7-25 所示。

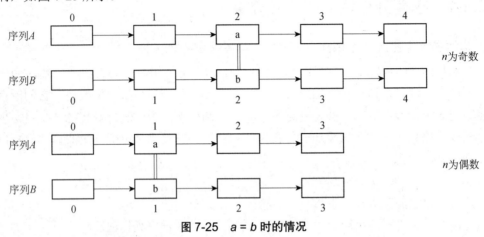

图 7-25 a = b 时的情况

（2）若 a < b，则舍弃序列 A 中较小的一半，同时舍弃序列 B 中较大的一半，要求两次舍弃的长度相等。

对于奇数个数序列：因为中位数只与升序序列的位置有关，当 n=5 时，如图 7-26 所示，可得序列 A 的第 0、1 位置和序列 B 的第 3、4 位置上的四个数绝对不可能在中间位置上，所以舍弃，即中位数的大小范围为[a,b]。

对于偶数个数序列：同样因为中位数只与升序序列的位置有关，当 n=4 时，如图 7-26 所示，可得序列 A 的第 0、1 位置和序列 B 的第 2、3 位置上的四个数绝对不可能在中间位置上，所以舍弃，即中位数的大小范围为(a,b]。

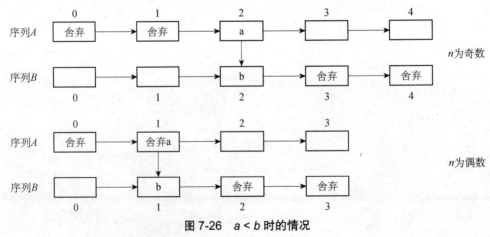

图 7-26 a < b 时的情况

（3）若 a > b，同理可得，舍弃序列 A 中较大的一半，同时舍弃序列 B 中较小的一半，要求两次舍弃的长度相等。

在保留的两个升序序列中,重复过程①、②、③,直到两个序列中均只含一个元素时为止,较小者即为所求的中位数。

该算法为此题的最优解,时间复杂度为 $O(\log_2 n)$,空间复杂度为 $O(1)$。

本实践根据上述方案二进行编程实现,主要的函数功能介绍如下。

(1)查找两升序序列中位数函数 M_Search (int A[], int B[], int n)

采用二分查找优化的方法,实现查找两升序序列中位数的功能。

(2)主函数 main ()

完成两升序序列的初始化,调用 M_Search 函数输出中位数。

3. 参考代码

```
int M_Search(int *A, int *B, int n)
{
    //方案二:采用二分查找优化的方法
    int s1=0, d1=n-1, m1, s2=0, d2=n-1, m2;
    //A,B序列的首位数、中位数、末位数
    while (s1 != d1 || s2 != d2)
    {
        m1=(s1+d1)/2;
        m2=(s2+d2)/2;
        if (A[m1]==B[m2])        //若两个中位数相等,即为所求中位数
            return A[m1];
        else if (A[m1]<B[m2])  //条件2
        {
            if((s1+d1)%2==0)   //当元素个数为奇数
            {
                s1=m1;           //舍弃A中间点以前的部分且保留中间点
                d2=m2;           //舍弃B中间点以后的部分且保留中间点
            }
            else                //当元素个数为偶数
            {
                s1=m1+1;         //舍弃A中间点及中间点以前的部分
                d2=m2;           //舍弃B中间点以后的部分且保留中间点
            }
        }
        else                    //同理,条件3
        {
            if ((s2+d2)%2==0)  //当元素个数为奇数
            {
                d1=m1;           //舍弃A中间点以后的部分且保留中间点
                s2=m2;           //舍弃B中间点以前的部分且保留中间点
            }
            else                //当元素个数为偶数
            {
                d1=m1;           //舍弃A中间点以后部分且保留中间点
                s2=m2+1;         //舍弃B中间点及中间点以前部分
            }
        }
    }
    return A[s1]<B[s2]?A[s1]:B[s2];
}
```

扫描二维码查看完整程序代码。

扫码查看 7.4.1.cpp

4. **功能测试**

示例测试结果如图 7-27 所示。

```
请输入元素的个数n:5
请依次输入第1个数组的数据值:11 13 15 17 19
请依次输入第2个数组的数据值:2 4 6 8 20
两升序序列的中位数为:11

--------------------------------
Process exited after 22.31 seconds with return value 0
请按任意键继续. . .
```

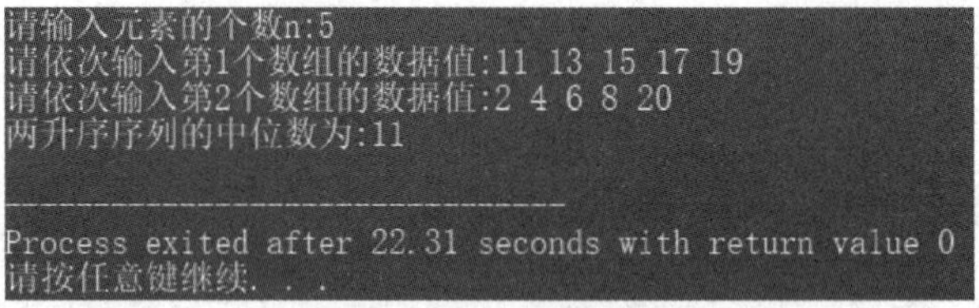

图 7-27　示例测试结果

7.4.2　未出现过的最小正整数

1. **实践内容【2018 年全国硕士研究生入学考试 408 试题】**

给定一个含 $n(n\geqslant 1)$个整数的数组，请设计一个在时间上尽可能高效的算法，找出数组中未出现的最小正整数。例如，数组{-5, 3, 2, 3}中未出现的最小正整数是 1；数组{1, 2, 3}中未出现的最小正整数是 4。要求：

（1）给出算法的基本设计思想。

（2）根据设计思想，采用 C 或 C++语言描述算法，关键之处给出注释。

（3）说明所设计算法的时间复杂度和空间复杂度。

2. **实践方案**

方案一：利用辅助数组进行标记的方法

已知数组的长度为 n，未出现的最小正整数范围一定在 1～n+1 之间。创建一个长度为 n 的辅助数组 pos[n]，元素初始化为 0，之后遍历给定的数组，数组如果有数字 i 出现，就置 pos[i−1]=1，即对已出现的正整数 i 打上标记。最后遍历一遍 pos 数组，若有 pos[i]=0，则说明正整数 i+1 未打上标记，也即是未出现的最小正整数 i+1。如果在遍历过程中没有返回结果，那么未出现的最小正整数是 n+1。这个算法的思想简单，算法时间复杂度为 $O(n)$，空间复杂度为 $O(n)$。

方案一中算法的实现函数如下：

```
int findMissMin1(int *nums,int n)
{
   int i, pos[n]={0};
   for (i = 0; i < n; i++)
   {
     if (nums[i] > 0)  pos[nums[i]-1] = 1;
   }
   for (i = 0; i < n; i++)
   {
     if (pos[i] == 0)  return i + 1;
   }
```

```
        return n + 1;
}
```

方案二：采用原地哈希进行标记的方法

该算法用负号标记元素存在，将数组的下标假想为哈希表的键。算法的流程介绍如下：

（1）将数组 nums 中所有小于或等于 0 的数修改为 n+1。

（2）遍历数组 nums 中的每一个数 x，x 可能已经被打了标记，因此原本对应的数为 $|x|$。若 $|x| \in [1,n]$，则给数组中的第 $|x|-1$ 个位置的数添加一个负号标记。注意如果它已经有负号，则不需要重复添加。

（3）在遍历完成之后，若数组中的每一个数都是负数，则未出现的最小正整数是 $n+1$，否则是第一个正数的位置加 1。

该算法时间复杂度为 $O(n)$，空间复杂度为 $O(1)$。

以数组 nums[4] = {-5, 3, 2, 3}为例，过程如下：

nums[4]	0	1	2	3
初始值	-5	3	2	3

第一步：将小于或等于 0 的数修改为 n+1（n=4）。

0	1	2	3
5	-3	-2	3

第二步：遍历数组 nums 中的每一个数 x，添加一个负号标记。

0	1	2	3
5	-3	-2	3

第三步：此时第 1 个正数 5 的位置为 0，未出现的最小正整数为 0+1=1。

同理可推得数组 nums[3] = {1, 2, 3}，最终带有负号标记的状态如下：

0	1	2
-1	-2	-3

此时数组中的每一个数都是负数，未出现的最小正整数为 3+1=4。

本实践根据上述方案二进行编程实现，主要的函数功能介绍如下。

（1）查找未出现的最小正整数函数 findMissMin2 (int *nums, int n)

采用原地哈希进行标记的方法，实现查找未出现的最小正整数的功能。

（2）主函数 main()

完成待查找数组初始化，调用 findMissMin2 函数输出未出现的最小正整数。

3. 参考代码

```
//方案二：采用原地哈希进行标记的方法
int findMissMin2(int *nums, int n)
{
    int i,t,num;
    for(i=0;i<n;++i)   //将数组 nums 中所有小于或等于 0 的数修改为 n+1
```

```
        if (nums[i] <= 0)  nums[i] = n + 1;
    for(i=0;i<n;++i)
    {
        //遍历数组 nums 中的每一个数 x，添加一个负号标记
        num = abs(nums[i]);
        if (num <= n)
            nums[num - 1] = -abs(nums[num - 1]);
    }
    for(i=0;i<n;++i)     //返回未出现的最小正整数值 i+1 或 n+1
        if (nums[i] > 0)  return  i + 1;
    return  n+1;
}
```

扫描二维码查看完整程序代码。

扫码查看 7.4.2.cpp

4. 功能测试

（1）n 为偶数时的测试结果如图 7-28 所示。

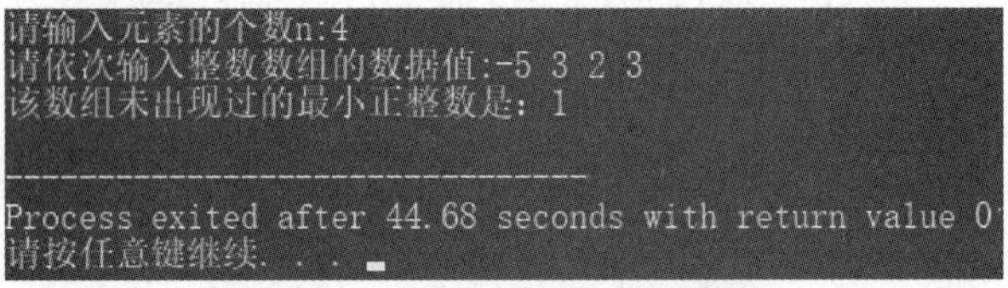

图 7-28　n 为偶数时的测试结果

（2）n 为奇数时的测试结果如图 7-29 所示。

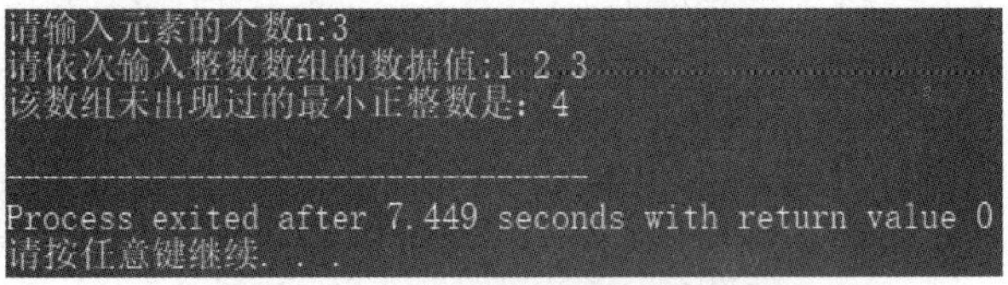

图 7-29　n 为奇数时的测试结果

第 8 章 排序

8.1 基础实践

8.1.1 简单排序方法实现

1. 实践目的

（1）理解排序的基本概念、简单排序的分类和评价指标。
（2）掌握直接插入排序、冒泡排序和简单选择排序的算法思想。
（3）能够编程实现上述三种简单排序算法。
（4）能够对上述三种简单排序算法的性能进行评价。

2. 实践内容

（1）实现直接插入排序操作。
（2）实现冒泡排序操作。
（3）实现简单选择排序操作。
（4）实现上述三种排序过程中关键字比较次数和记录移动次数的统计操作。
（5）设计功能选择菜单，用户可重复选择完成上述三种排序方法。

3. 数据结构设计

待排序的记录采用顺序存储结构，其存储结构描述如下：

```
#define MAXSIZE 20              //顺序表的最大长度
typedef  int  KeyType;          // 将关键字类型定义为整型
typedef  struct {
   KeyType   key;               // 关键字项
   char      *otherinfo;        // 其他信息
}ElemType;
typedef  struct{
   ElemType   r[MAXSIZE+1];     //r[0]空
   int        length;           //当前元素的个数
}SqList;
```

4. 实践方案

（1）待排序顺序表初始化函数 InitList_Sort (SqList &L)
首先由用户输入待排序的元素个数 L.length(<20)，然后从数组下标 1 开始，循环 L.length 次，依次存储各个元素的关键字。
（2）打印顺序表函数 Print_Sort (SqList &L)
打印输出当前顺序表各位置存储的元素值。

（3）直接插入排序操作函数 InsertSort (SqList &L)

用带监视哨的直接插入排序算法实现排序，并通过变量 cn 和 mv 记录算法比较次数和移动次数，时间复杂度为 $O(n^2)$。

（4）冒泡排序操作函数 BubbleSort (SqList &L)

采用冒泡排序算法实现排序，并通过变量 cn 和 mv 记录算法比较次数和移动次数，时间复杂度为 $O(n^2)$。

（5）简单选择排序操作函数 SelectSort (SqList &L)

采用简单选择排序算法实现排序，并通过变量 cn 和 mv 记录算法比较次数和移动次数，时间复杂度为 $O(n^2)$。

（6）设计功能选择菜单

通过循环和分支语句实现用户可重复选择的功能菜单。根据菜单，选择对应功能的数字。其中"1"对应直接插入排序操作，"2"对应冒泡排序操作，"3"对应简单选择排序操作，"4"对应退出程序。

```
---1. 直接插入排序操作---
---2. 冒泡排序操作      ---
---3. 简单选择排序操作---
---4. 退出             ---
---请选择（1-4）：     ---
```

5. 参考代码

```c
#include <stdio.h>
#include <string.h>
#define TRUE 1
#define FALSE 0
#define MAXSIZE 20              //顺序表的最大长度
typedef int KeyType;            // 将关键字类型定义为整型
typedef struct
{
   KeyType   key;             // 关键字项
   char      *otherinfo;      // 其他信息
}ElemType;

typedef struct
{
   ElemType  r[MAXSIZE+1];    //r[0]空
   int       length;          //当前元素的个数
}SqList;

//初始化顺序表函数
void InitList_Sort(SqList &L)
{
   int i;
   printf("输入待排序的记录个数(<20)：");
   scanf("%d",&L.length);
   printf("输入待排序记录的关键字序列：");
   for(i=1;i<=L.length;i++)
      scanf("%d",&L.r[i].key);
```

```c
}

//输出顺序表函数
void Print_Sort(SqList &L)
{
    int i;
    for(i=1;i<=L.length;i++)
        printf("%d ",L.r[i].key);
    printf("\n");
}

//带监视哨的直接插入排序函数
void InsertSort(SqList &L)
{
    int i,j;
    int cn=0;           //保存比较次数
    int mn=0;           //保存移动次数
    for(i=2; i<=L.length; ++i)
        if (cn++, L.r[i].key < L.r[i-1].key)
        {
            //"<",需将r[i]插入有序子表比较关键字值时,比较次数加1
            L.r[0]=L.r[i];          //将待插入的记录暂存到监视哨中
            mn++;                   //移动次数加1
            L.r[i]=L.r[i-1];        //L.r[i-1]后移
            mn++;                   //移动次数加1
            for(j=i-2; cn++,L.r[0].key<L.r[j].key; --j)
            {
                //在比较关键字值时,比较次数要加1
                L.r[j+1]=L.r[j];    //L.r[j]后移
                mn++;               //移动次数加1
            }
            L.r[j+1]=L.r[0];        //将L.r[i]插入到第j+1个位置
            mn++;                   //移动次数加1
        }
    printf("\n直接插入排序比较次数为: %d\n",cn);
    printf("直接插入排序移动次数为: %d\n",mn);
}

//对表L进行冒泡排序函数
void BubbleSort(SqList &L)
{
    int i,j,change;
    int cn=0;           //保存比较次数
    int mn=0;           //保存移动次数
    ElemType temp;
    change=TRUE;        //设置交换标志变量,初值为真
    for (i=L.length;i>1&&change;--i)
    {
        change=FALSE;   //每趟排序开始时设置交换标志变量值为假
        for(j=1;j<i;++j)
            if (cn++,L.r[j].key>L.r[j+1].key)       //比较次数加1
            {
                temp=L.r[j];        //相邻的两个记录交换
                L.r[j]=L.r[j+1];
                L.r[j+1]=temp;
                mn+=3;              //移动次数加3
```

```c
                change=TRUE;
            }
    printf("\n冒泡排序比较次数为：%d\n",cn);
    printf("冒泡排序移动次数为：%d\n",mn);
}

//对表L进行简单选择排序函数
void SelectSort(SqList &L)
{
    int cn=0;              //保存比较次数
    int mn=0;              //保存移动次数
    int min,i,j;
    for(i=1; i<L.length; ++i)
    {
        min=i;             //设无序子表中的第一条记录的关键字最小
        for(j=i+1; j<=L.length; ++j)
            if (cn++,L.r[j].key<L.r[min].key) //比较次数加1
                min=j;
        if (min!=i)        //若最小关键字记录不在第一个位置，则交换
        {
            ElemType temp=L.r[i];
            L.r[i]=L.r[min];
            L.r[min]=temp;
            mn+=3;                             //移动次数加3
        }
    }
    printf("\n简单选择排序比较次数为：%d\n",cn);
    printf("简单选择排序移动次数为：%d\n",mn);
}

int main( )
{
    int x;
    SqList L,L1;
    while(1)
    {
        printf("---1.直接插入排序操作---\n");
        printf("---2.冒泡排序操作       ---\n");
        printf("---3.简单选择排序操作---\n");
        printf("---4.退出              ---\n");
        printf("---请选择（1-4）：     ---\n");
        scanf("%d",&x);
        if(x)
        switch(x)
        {
            case 1:
                InitList_Sort(L);         //创建待排序的数据表
                printf("\n直接插入排序之前数据序列为：");
                Print_Sort(L);
                InsertSort(L);            //直接插入排序
                printf("\n直接插入排序之后数据序列为：");
                Print_Sort(L);
                break;
            case 2:
                InitList_Sort(L);                   //创建待排序的数据表
```

```
                printf("\n冒泡排序之前数据序列为：");
                Print_Sort(L);
                BubbleSort(L);              //冒泡排序
                printf("\n冒泡排序之后数据序列为：");
                Print_Sort(L);
                break;
            case 3:
                InitList_Sort(L);           //创建待排序的数据表
                printf("\n简单选择排序之前数据序列为：");
                Print_Sort(L);
                SelectSort(L);              //直接选择排序
                printf("\n简单选择排序之后数据序列为：");
                Print_Sort(L);
                break;
            case 4:
                return 0;
            default:
                printf("\n选择错误,请重新输入：\n");
        }
    }
    return 0;
}
```

6. 功能测试

（1）直接插入排序测试结果如图 8-1 所示。

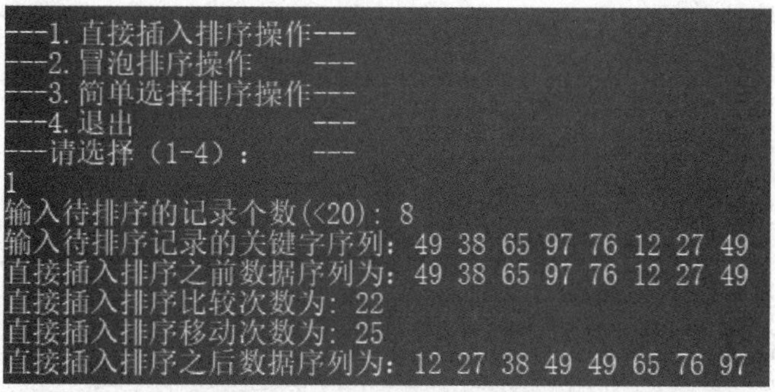

```
---1.直接插入排序操作---
---2.冒泡排序操作       ---
---3.简单选择排序操作---
---4.退出              ---
---请选择（1-4）：     ---
1
输入待排序的记录个数(<20): 8
输入待排序记录的关键字序列: 49 38 65 97 76 12 27 49
直接插入排序之前数据序列为: 49 38 65 97 76 12 27 49
直接插入排序比较次数为: 22
直接插入排序移动次数为: 25
直接插入排序之后数据序列为: 12 27 38 49 49 65 76 97
```

图 8-1　直接插入排序测试结果

（2）冒泡排序测试结果如图 8-2 所示。

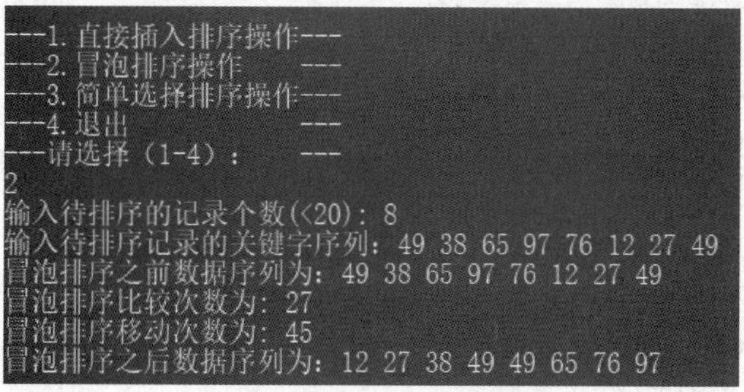

```
---1.直接插入排序操作---
---2.冒泡排序操作       ---
---3.简单选择排序操作---
---4.退出              ---
---请选择（1-4）：     ---
2
输入待排序的记录个数(<20): 8
输入待排序记录的关键字序列: 49 38 65 97 76 12 27 49
冒泡排序之前数据序列为: 49 38 65 97 76 12 27 49
冒泡排序比较次数为: 27
冒泡排序移动次数为: 45
冒泡排序之后数据序列为: 12 27 38 49 49 65 76 97
```

图 8-2　冒泡排序测试结果

（3）简单选择排序测试结果如图 8-3 所示。

图 8-3 简单选择排序测试结果

8.1.2 快速排序方法实现

1. 实践目的
（1）理解快速排序的概念、分类和评价指标。
（2）掌握快速排序、堆排序和归并排序的算法思想。
（3）能够编程实现上述三种快速排序算法，并进行性能评价。

2. 实践内容
（1）实现快速排序操作。
（2）实现堆排序操作。
（3）实现归并排序操作。
（4）实现上述三种排序过程中关键字比较次数和记录移动次数的统计操作。
（5）设计功能选择菜单，用户可重复选择完成上述三种排序方法。

3. 数据结构设计
待排序的记录采用顺序存储结构，其存储结构描述如下：

```
typedef  int   KeyType;          // 将关键字类型定义为整型
typedef  struct
{
    KeyType   key;               // 关键字项
    char      *otherinfo;        // 其他信息
}ElemType;
typedef  struct
{
    ElemType  r[MAXSIZE+1];      //r[0]空
    int       length;            //当前元素的个数
}SqList;
int cn,mn;                       //记录比较次数和移动次数
```

4. 实践方案
（1）待排序顺序表初始化函数 InitList_Sort (SqList &L)
首先由用户输入待排序的元素个数 L.length(<20)，然后从数组下标 1 开始，循环 L.length 次，依次存储各个元素的关键字。

（2）打印顺序表函数 Print_Sort (SqList &L)
打印输出当前顺序表各位置存储的元素值。

（3）快速排序操作函数 QuickSort (SqList &L)

调用快速排序算法函数 QSort 完成排序操作，并输出快速排序算法的比较次数和移动次数，时间复杂度为 $O(n\log_2 n)$。

函数 QSort(SqList &L, int low, int high)功能：对子表 L.r[low..high]采用递归形式进行快速排序，每趟排序调用函数 Partition(SqList &L, int low, int high)完成。

一趟快速排序函数 Partition(SqList &L, int low, int high)功能：对顺序表 L 中的子表 L.r[low..high]进行一趟排序，返回枢轴位置。

（4）堆排序操作函数 HeapSort (SqList &L)

对顺序表 L 进行堆排序，首先循环调用 HeapAdjust 函数，建立初始大根堆；其次循环 L.length−1 次，将堆顶记录当前堆中的最后一个节点交换，调用 HeapAdjust 函数将 L.r[1..r]重新调整为大根堆；最后，输出堆排序算法的比较次数和移动次数，时间复杂度为 $O(n\log_2 n)$。

函数 HeapAdjust(SqList &L, int s, int m)功能：假设 L.r[s+1..m]已经是堆，按"筛选法"将 L.r[s..m]调整为以 r[s]为根的大根堆。

（5）归并排序操作函数 MergeSort (SqList &L)

调用归并排序算法函数 M_Sort 完成排序操作，并输出归并排序算法的比较次数和移动次数，时间复杂度为 $O(n\log_2 n)$。

函数 M_Sort(ElemType SR[], ElemType TR1[], int s, int t)功能：将 SR[s..t]中的记录归并排序后放入 TR1[s..t]中，其中需要调用 Merge 函数完成相邻两个子序列的归并。

函数 Merge(ElemType SR[], ElemType TR[], int i, int m, int n)功能：将两个相邻有序表 SR[i..m] 与 SR[m+1..n]归并为有序表 TR[i..n]。

（6）设计功能选择菜单

通过循环和分支语句实现用户可重复选择的功能菜单。根据菜单，选择对应功能的数字。其中"1"对应快速排序操作，"2"对应堆排序操作，"3"对应归并排序操作，"4"对应退出程序。

```
--- 1. 快速排序操作 ---
--- 2. 堆排序操作   ---
--- 3. 归并排序操作 ---
--- 4. 退出        ---
---请选择（1-4）：  ---
```

5. **参考代码**

```c
#include <stdio.h>
#include <string.h>
#define TRUE 1
#define FALSE 0
#define MAXSIZE 20              //顺序表的最大长度
typedef  int  KeyType;          // 将关键字类型定义为整型
typedef  struct
{
    KeyType   key;              // 关键字项
    char     *otherinfo;        // 其他信息
}ElemType;
```

```c
typedef struct
{
    ElemType  r[MAXSIZE+1];        //r[0]空
    int       length;              //当前元素的个数
}SqList;
int cn,mn;

//初始化顺序表函数
void InitList_Sort(SqList &L)
{
    int i;
    printf("输入待排序的记录个数(<20)：");
    scanf("%d",&L.length);
    printf("输入待排序记录的关键字序列：");
    for(i=1;i<=L.length;i++)
        scanf("%d",&L.r[i].key);
}

//输出顺序表函数
void Print_Sort(SqList &L)
{
    int i;
    for(i=1;i<=L.length;i++)
    printf("%d ",L.r[i].key);
    printf("\n");
}

//对顺序表L中的子表r[low..high]进行一趟排序
int Partition(SqList &L,int low,int high)
{
    L.r[0]=L.r[low];              //设置枢轴,并暂存在r[0]中
    mn++;
    int pivotkey=L.r[low].key;    //枢轴记录关键字保存在pivotkey中
    mn++;
    while(cn++,low<high)          //从表的两端交替地向中间扫描
    {
        while(cn++,low<high&& L.r[high].key>=pivotkey)   //向前搜索
        {
            high--;
            mn++;
        }
        if(cn++,low<high)
        {
            L.r[low++]=L.r[high];
            mn++;
        } //将比枢轴小的记录移至低端low的位置，然后low后移一位
        while(cn++,low<high&& L.r[low].key<=pivotkey)
        {
            low++;
            mn++;
        }
        if(cn++,low<high)
        {
            L.r[high--]=L.r[low];
            mn++;
        } //将比枢轴小的记录移至低端low的位置，然后high前移一位
    }
    L.r[low]=L.r[0];              //枢轴记录到位
```

```
        mn++;
        return low;              //返回枢轴位置
}

//对 L 中的子表 L.r[low..high]采用递归形式的快速排序函数
void QSort(SqList &L,int low,int high)
{
    int pivotloc;
    if(cn++,low<high)       //如果无序表长大于 1
    {
        pivotloc=Partition(L,low,high);//完成一次划分,确定枢轴位置
        mn++;
        QSort(L,low,pivotloc-1);        //递归调用,完成左子表的排序
        QSort(L,pivotloc+1,high);       //递归调用,完成右子表的排序
    }
}

//对 L 进行快速排序
void QuickSort(SqList &L)
{
    cn=mn=0;
    QSort(L,1,L.length);
    printf("\n 快速插入排序比较次数为: %d\n",cn);
    printf("快速插入排序移动次数为: %d\n",mn);
}

//堆调整为大根堆函数
void HeapAdjust(SqList &L, int s, int m)
{
    //假设 r[s+1..m]已经是堆,将 r[s..m]调整为以 r[s]为根的大根堆
    int j;
    ElemType  rc=L.r[s];       //将当前根节点暂存在记录变量 rc 中
    mn++;
    for(j=2*s;cn++,j<=m;j*=2)  //沿 key 较大的孩子节点向下筛选
    {
        if(cn++,j<m&&L.r[j].key<L.r[j+1].key)
        {
            j++;                       //j 为 key 较大的记录的下标
            mn++;
        }
        if(cn++,rc.key>L.r[j].key)    //rc 应插入在位置 s 上
            break;
        L.r[s]=L.r[j];
        mn++;
        s=j;
        mn++;
    }
    L.r[s]=rc;                  //rc 移到 s 的位置
    mn++;
}

//对 L 进行堆排序函数
void HeapSort(SqList &L)
{
    int i;
    ElemType temp;
    cn=mn=0;
```

```c
    for(i=L.length/2; cn++,i>0; --i)      //建初始堆
        HeapAdjust(L,i,L.length);
    for(i=L.length; cn++,i>1; --i)
    {
        temp=L.r[1];        //根节点与当前堆中的最后一个节点交换
        mn++;
        L.r[1]=L.r[i];
        mn++;
        L.r[i]=temp;
        mn++;
        HeapAdjust(L,1,i-1);//堆中减少最后一个元素后从上往下"筛选"
    }
    printf("\n堆排序比较次数为：%d\n",cn);
    printf("堆排序移动次数为：%d\n",mn);
}

//将两个相邻有序表SR[i...m]与SR[m+1...n]归并为有序表TR[i...n]
void Merge(ElemType SR[],ElemType TR[],int i,int m,int n)
{
    int  j=m+1,k=i;
    mn++;
    mn++;
    while(cn++,i<=m&&j<=n)
    {
        // 将SR中两个相邻有序子表由小到大并入TR中
        if(cn++,SR[i].key<=SR[j].key)
        {
            TR[k++]=SR[i++];
            mn++;
        }
        else
        {
            TR[k++]=SR[j++];
            mn++;
        }
    }
while(cn++,i<=m)         //将前一有序子表的剩余部分复制到TR
{
    TR[k++]=SR[i++];
    mn++;
}
    while(cn++,j<=n)         //将后一有序子表的剩余部分复制到TR
    {
        TR[k++]=SR[j++];
        mn++;
    }
}

// 将SR[s..t]归并排序为TR[s..t]
void M_Sort(ElemType SR[],ElemType TR1[],int s,int t)
{
    ElemType TR2[MAXSIZE+1];
    int m;
    if(cn++,s==t)
    {
        TR1[s]=SR[s];
        mn++;
    }
```

```c
        else
    {                   //待排序的记录序列只含一条记录
        m=(s+t)/2;                      //以m为分界点，分成前、后两部分
        mn++;
        M_Sort(SR,TR2,s,m);     //对前部分递归归并
        M_Sort(SR,TR2,m+1,t);   //对后部分递归归并
        Merge(TR2,TR1,s,m,t);   //将前、后部分归并成有序表TR1
    }
}

//对L进行归并排序
void MergeSort(SqList &L)
{
    cn=mn=0;
    M_Sort(L.r,L.r,1,L.length);
    printf("\n归并排序比较次数为：%d\n",cn);
    printf("归并排序移动次数为：%d\n",mn);
}

int main( )
{
    int x;
    SqList L,L1;
    while(1)
    {
        printf("--- 1. 快速排序操作 ---\n");
        printf("--- 2. 堆排序操作   ---\n");
        printf("--- 3. 归并排序操作 ---\n");
        printf("--- 4. 退出         ---\n");
    printf("---请选择（1-4）：---\n");
        scanf("%d",&x);
        if(x)
        switch(x)
        {
            case 1:
                InitList_Sort(L);       //创建待排序的数据表
                printf("\n快速排序之前数据序列为：");
                Print_Sort(L);
                QuickSort(L);           //快速排序
                printf("\n快速排序之后数据序列为：");
                Print_Sort(L);
                break;
            case 2:
                InitList_Sort(L);       //创建待排序的数据表
                printf("\n堆排序之前数据序列为：");
                Print_Sort(L);
                HeapSort(L);            //堆排序
                printf("\n堆排序之后数据序列为：");
                Print_Sort(L);
                break;
            case 3:
                InitList_Sort(L);       //创建待排序的数据表
                printf("\n归并排序之前数据序列为：");
                Print_Sort(L);
                MergeSort(L);           //归并排序
```

```
                printf("\n归并排序之后数据序列为: ");
                Print_Sort(L);
                break;
            case 4:
                return 0;
            default:
                printf("\n选择错误,请重新输入: \n");
        }
    }
    return 0;
}
```

6. 功能测试

（1） 快速排序测试结果如图 8-4 所示。

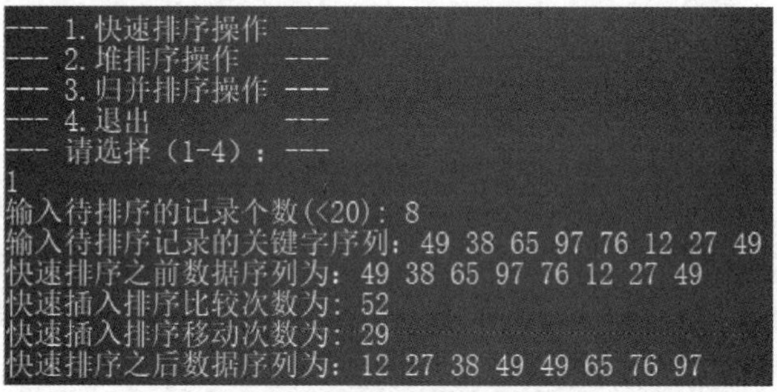

```
--- 1.快速排序操作 ---
--- 2.堆排序操作   ---
--- 3.归并排序操作 ---
--- 4.退出        ---
--- 请选择（1-4）: ---
1
输入待排序的记录个数(<20): 8
输入待排序记录的关键字序列: 49 38 65 97 76 12 27 49
快速排序之前数据序列为: 49 38 65 97 76 12 27 49
快速插入排序比较次数为: 52
快速插入排序移动次数为: 29
快速排序之后数据序列为: 12 27 38 49 49 65 76 97
```

图 8-4 快速排序测试结果

（2）堆排序测试结果如图 8-5 所示。

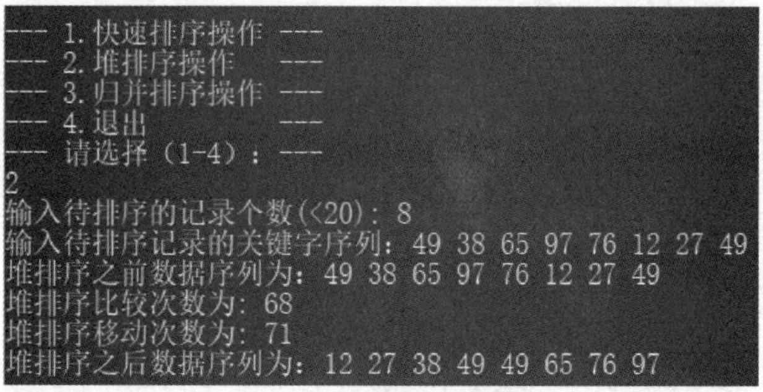

```
--- 1.快速排序操作 ---
--- 2.堆排序操作   ---
--- 3.归并排序操作 ---
--- 4.退出        ---
--- 请选择（1-4）: ---
2
输入待排序的记录个数(<20): 8
输入待排序记录的关键字序列: 49 38 65 97 76 12 27 49
堆排序之前数据序列为: 49 38 65 97 76 12 27 49
堆排序比较次数为: 68
堆排序移动次数为: 71
堆排序之后数据序列为: 12 27 38 49 49 65 76 97
```

图 8-5 堆排序测试结果

（3）归并排序测试结果如图 8-6 所示。

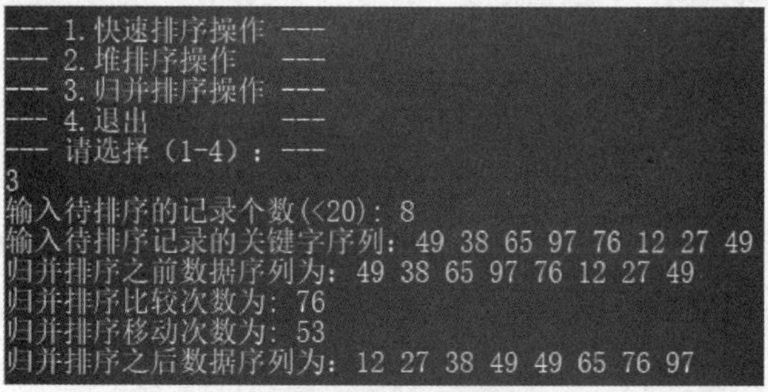

```
--- 1.快速排序操作 ---
--- 2.堆排序操作   ---
--- 3.归并排序操作 ---
--- 4.退出        ---
--- 请选择（1-4）: ---
3
输入待排序的记录个数(<20): 8
输入待排序记录的关键字序列: 49 38 65 97 76 12 27 49
归并排序之前数据序列为: 49 38 65 97 76 12 27 49
归并排序比较次数为: 76
归并排序移动次数为: 53
归并排序之后数据序列为: 12 27 38 49 49 65 76 97
```

图 8-6 归并排序测试结果

8.2 基础进阶

8.2.1 基于双轴快排的全国各省市 GDP 排名系统*

1. 实践目的

（1）帮助学生了解我国经济高速发展的伟大成就，未来趋势是加快发展数字经济，促进数字经济和实体经济深度融合，培养学生基本的科研素质和创新实践能力，为国家加快构建新发展格局，着力推动高质量发展贡献力量。

（2）能够正确分析基于双轴快排的全国各省市 GDP 排名中的关键问题，并设计解决思路。

（3）能够根据 GDP 排名系统需实现的功能选择合适的存储结构。

（4）能够编写程序测试基于双轴快排的 GDP 排名系统设计的正确性。

2. 实践背景

《党的二十大报告》指出，我们要坚持以推动高质量发展为主题，把实施扩大内需战略同深化供给侧结构性改革有机结合起来，增强国内大循环内生动力和可靠性，提升国际循环质量和水平，加快建设现代化经济体系，着力提高全要素生产率，着力提升产业链供应链韧性和安全水平，着力推进城乡融合和区域协调发展，推动经济实现质的有效提升和量的合理增长。

《习近平新时代中国特色社会主义思想》学习纲要的第五章"开启全面建设社会主义现代化国家新征程"指出，我国发展的重要战略机遇期具有新的内涵。从经济方面看，可以概括为五个新机遇。一是加快经济结构优化升级带来新机遇；二是提升科技创新能力带来新机遇；三是深化改革开放带来新机遇；四是加快绿色发展带来新机遇；五是参与全球经济治理体系变革带来新机遇。当前全球经济治理体系变革处于重要时期，我国完全可以发挥更大作用，推动建设开放型世界经济，为经济发展营造更好的外部环境。

2023 年 5 月 5 日，习近平总书记在二十届中央财经委员会第一次会议上强调，加快建设以实体经济为支撑的现代化产业体系，关系我们在未来发展和国际竞争中赢得战略主动。建设现代化经济体系，是以习近平同志为核心的党中央从党和国家事业全局出发，着眼于实现"两个一百年"奋斗目标、顺应中国特色社会主义进入新时代的新要求做出的重大战略决策部署。要深刻认识建设现代化经济体系的重要性和艰巨性，科学把握建设现代化经济体系的目标和重点，推动我国经济发展焕发新活力、迈上新台阶。

国家统计局发布的《2022 年国民经济和社会发展统计公报》显示，2022 年，中国国内生产总值（GDP）达 121 万亿元人民币，这是继 2020 年、2021 年连续突破 100 万亿元、110 万亿元人民币之后，再次跃上新台阶。然而近年来，面对严峻复杂的国际形势和接踵而至的巨大风险挑战，中国坚持底线思维，打好化险为夷、转危为机的战略主动战，保持了经济持续健康发展和社会大局稳定。积极应对外部环境变化带来的冲击挑战，关键在于办好自己的事，推动中国经济在高质量发展的轨道上坚定前行。

通过对我国各省市 2022 年度 GDP 排名，可以从宏观上了解和对比我国各省市经济发展的情况，同时，激励当代大学生学好专业技术，从而更好地为祖国的现代化经济建设做出贡献。

3. 实践内容

（1）编程实现全国各省市 GDP 排名系统，系统的具体功能模块如图 8-7 所示。

图 8-7　GDP 排名系统功能模块图

（2）要求分析 GDP 排名系统中的关键要素及其操作，设计合适的数据存储结构，并要求通过双轴快排算法实现 GDP 数据排名。

4. 数据结构设计

本实践的数据处理对象是各个省市 GDP 的信息，每条信息包含省市名称和 GDP 数据两个数据项，其中省市名称使用长度为 10 的字符数组存储；GDP 数据使用浮点数类型，其存储结构描述如下：

```
#define MAXSIZE  50
typedef struct        //省市 GDP 信息
{
    char province[10];
    float gdp;
}KeyType;
typedef struct
{
    KeyType R[MAXSIZE];
    int length;         //当前元素的个数
}GDPTable;
```

5. 实践方案

（1）数据导入函数 data_read (char filename[], GDPTable &L)

通过指定文件导入各个省市 GDP 数据，文件中的每行记录将被导入存储到 L.R[]数组中。

（2）双轴快排函数 DPQuicksort (KeyType *arr, int left, int right)

利用双轴快排的算法实现全国各省市 GDP 排序，具体算法步骤如下。

① 选双轴，对于数组 arr，令 left=0，right=L.length−1，则 arr[left]为选定的左轴值，arr[right]为选定的右轴值，令指针 pivot1 初始为 left，pivot2 初始为 right。

② 若 left < right，则令两端元素中较小者居左，设 index 为当前访问的元素下标，lower 指向 pivot1 最终位置，[left, lower)为区间 1；upper 指向 pivot2 最终位置，(upper, right]为区间 3；[lower, index)为区间 2，[index, upper]为待考察区间，如图 8-8 所示。

③ 设置初值 index=left+1，lower=left+1，upper=right−1，index 代表中间待考察区间需

要判断的数据起始位置。index 向右移动遍历过程中与两轴不断对比,进行适当交换。直到 index 大于 right 时停止。

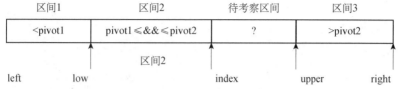

图 8-8 双轴快排的划分区间图

④ 对于划分好的三个区间,继续进行递归排序即可。

(3) 数组元素交换函数 swap (KeyType *a, KeyType *b)
该函数用于交换两个数据元素的值。

(4) 功能菜单函数 Menu ()
该函数用于显示全国各省市 GDP 排名系统功能界面。

6. 参考代码

```
#define MAXSIZE  50
typedef struct          //省市 GDP 信息
{
    char province[10];
    float gdp;
}KeyType;
typedef struct
{
    KeyType R[MAXSIZE];
    int length;          //当前元素的个数
}GDPTable;

//文件数据读入
void data_read(char filename[],GDPTable &L)
{
    int i=0;
    FILE *fp = NULL;
    if ((fp=fopen(filename,"r"))==NULL)
    {
        printf(" 文件打开失败,请确认文件路径!");
        exit(0);
    }
    else
    {
        printf(" 文件导入数组成功!\n");
        while(!feof(fp))
        {
            fscanf(fp,"%s %f\n",L.R[i].province,&L.R[i].gdp);
            i++;
        }
        L.length = i;
        fclose(fp);          //关闭文件
    }
}
void swap(KeyType *a,KeyType *b)
```

```c
{
    KeyType t;
    t = *a;
    *a = *b;
    *b = t;
}

void DPQuicksort(KeyType *arr, int left, int right)
{
    int index,lower,upper;
    if(left < right)
    {
        //令两端元素中较小者居左，pivot1 初始为 left，pivot2 初始为
        //right，即 arr[left]为左轴值，arr[right]为右轴值
        if(arr[left].gdp > arr[right].gdp)
            swap(&arr[left],&arr[right]);
        index=left+1;   // index 为当前访问的元素下标
        lower=left+1;   // lower 指向区间 1[left,lower)最终位置
        upper=right-1;  // upper 指向区间 3(upper,right]最终位置

        // [lower, index)为区间 2, [index, upper]为待考察区间
        while(index <= upper)
        {
            // 若 arr[index] < arr[left]，则 arr[index]位于区间 1
            if (arr[index].gdp < arr[left].gdp)
            {
                //交换 arr[index]和 arr[lower]
                swap(&arr[index],&arr[lower]);
                //lower++，lower 位置向右一位靠近 pivot1 的最终位置
                lower++;
            }
            //若 arr[index] > arr[right]，则 arr[index]位于区间 3
            else if(arr[index].gdp > arr[right].gdp)
            {
                while(arr[upper].gdp>arr[right].gdp && index<upper)
                    upper--;
                swap(&arr[index],&arr[upper]);
                upper--;
                //此时 arr[index]≤arr[right]，arr[index]可能在区间 1 或区间 2,
                //若 arr[index] < arr[left]，则 arr[index]位于区间 1
                if(arr[index].gdp < arr[left].gdp)
                {
                    swap(&arr[index],&arr[lower]);
                    lower++;
                }
            }
            index++;
        }
        // while 循环结束最后一个确定在区间 1 的元素的下标是 lower--,
        // 最后一个确定在区间 3 的元素下标是 upper++
        lower--;
        upper++;

        // 此时的 lower, upper 即分别为最终 pivot1，最终 pivot2
        swap(&arr[left],&arr[lower]);
        swap(&arr[upper],&arr[right]);
```

```
        // 对三个子区间分别执行双轴快排
        DPQuicksort(arr, left, lower - 1);        // 区间1
        DPQuicksort(arr, lower + 1, upper - 1);   // 区间2
        DPQuicksort(arr, upper + 1, right);       // 区间3
    }
}

//显示GDP排名系统功能界面
int Menu()
{
    int key,flag=1;
    printf("\n --------全国各省市GDP排名系统------------\n");
    printf(" *                                          *\n");
    printf(" *     1:数据导入         2:原始数据        *\n");
    printf(" *     3:GDP排名          0:系统退出        *\n");
    printf(" --------------------------------------------\n");
    printf(" 根据菜单提示进行输入：");
    while(flag)
    {
        scanf("%d",&key);
        if(key>=0&&key<=3)
        {
            flag=0;
            return key;
        }
        else
            printf(" 菜单选择输入错误，请重新输入：");
    }
}
```

扫描二维码查看完整程序代码。

扫码查看 8.2.1.cpp

7. 功能测试

（1）数据导入功能测试结果如图 8-9 所示。

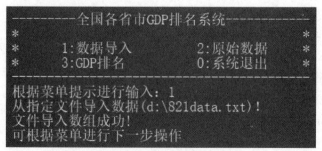

图 8-9 数据导入功能测试结果

（2）原始数据显示和 GDP 排名测试结果分别如图 8-10（a）和（b）所示。

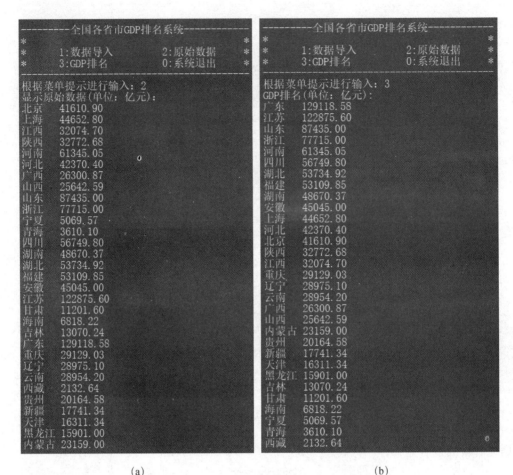

图 8-10　原始数据和 GDP 排名测试结果

8.2.2　求逆序对问题*

1. 实践目的

（1）理解逆序对基本概念。
（2）掌握逆序对在计算机中的存储结构。
（3）掌握求逆序对分治算法（类似归并排序）的实现。
（4）能够运用逆序对解决一些实际问题。

2. 实践内容

（1）实现一组待排关键字的输入操作。
（2）实现该组数据的逆序对的统计操作。
（3）实现排序结果和逆序对的个数的输出操作。

3. 实践方案

本实践使用归并排序的思想来进行排序并计算逆序对个数。归并排序的核心思想是将一个数组分成两个子序列，分别对子数组进行排序，然后再将两个排好序的子序列合并成一个有序的序列。

（1）合并两个有序子序列函数 Merge(int merge[], int a[], int left, int right, int middle)

首先定义一个全局变量 count，用于统计逆序对的数量，初值设置为 0；定义一个辅助数组 merge[MAXSIZE]，用于存储排序的结果。

在合并两个子序列时，设 i 和 j 分别指向两个子序列的第一个元素，即初值 i = left，j = middle+1，当 i≤middle 并且 j≤right 时，循环做以下步骤。

① 当 a[i]≤a[j]时，将 a[i]存到辅助数组 merge[k]中，k 的初值为 left，然后将 i 后移至下一个位置。

② 当 a[i]>a[j]时，将 a[i]存到辅助数组 merge[k]中，将 i 后移至下一个位置，此时存在逆序对，同时累计逆序对的个数 count+=middle−i+1。

③ 当 i≤middle 时，将剩余元素存到辅助数组 merge 中。

④ 当 j≤right 时，将剩余元素存到辅助数组 merge 中。

⑤ 将 merge 数组中的元素复制回原数组，全局变量 count 记录逆序对个数。

（2）实现一个递归函数 Mergesort (int a[], int left, int right)

该函数用于对数组进行归并排序。取 middle=(left+right)/2，将数组分成两个子序列，分别递归调用 mergeSort 函数进行排序，同时调用合并子序列 Merge 函数。

（3）排序结果输出函数 show (int a[], int n)

该函数用于对数组归并排序结果的输出。

4. 参考代码

```
#define MAXSIZE 20
int merge[MAXSIZE];
int count=0;

//合并两个有序子序列
void Merge(int merge[],int a[],int left,int right,int middle)
{
   int i=left,j=middle+1;
   int k=left;
   while(i<=middle&&j<=right)
   {
      if(a[i]<=a[j])
      {
         //若a[i]不大于a[j]，则将a[i]存到辅助数组merge[k]中，
         //再后移至下一个位置
         merge[k++]=a[i++];
      }
      else
      {
         //若a[i]大于a[j]，则将a[i]存到辅助数组merge[k]中，
         //后移至下一个位置，并累计逆序对的个数count+=middle-i+1
         merge[k++]=a[j++];
         count+=middle-i+1;
      }
   }
   while(i<=middle)   //若i<=middle,则将剩余元素存到辅助数组merge中
      merge[k++]=a[i++];
   while(j<=right)    //若j<=right,则将剩余元素存到辅助数组merge中
      merge[k++]=a[j++];
   for(i=left;i<=right;i++)
      a[i]=merge[i];
```

```c
}
//合并排序
void Mergesort(int a[],int left,int right)
{
    int middle;
    if(left<right)
    {
        middle=(left+right)/2;
        Mergesort(a,left,middle);
        Mergesort(a,middle+1,right);
        Merge(merge,a,left,right,middle);
    }
}

void show(int a[],int n)
{
    printf("该组数据排序后结果为: ");
    for(int i=0;i<n;i++)  printf("%5d",a[i]);
}
```

扫描二维码查看完整程序代码。

扫码查看 8.2.2.cpp

5. 功能测试

求逆序对个数测试结果如图 8-11 所示。

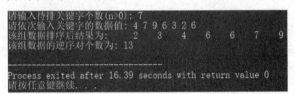

图 8-11　求逆序对个数测试结果

8.3　竞赛进阶

8.3.1　按奇偶排序数组

1. 实践内容【LeetCode 905】

给定一个整数数组 nums，将 nums 中的所有偶数元素移动到数组的前面，后跟所有奇数元素。返回满足此条件的任一数组作为答案。

示例 1：
输入：nums = [3,1,2,4]
输出：[2,4,3,1]

解释：[4,2,3,1]、[2,4,1,3]和[4,2,1,3]也会被视作正确答案。

示例 2:

输入：nums = [0]

输出：[0]

提示：

1 <= nums.length <= 5000

0 <= nums[i] <= 5000

2. 实践方案

这个题目有多种解法，这里利用双指针法（类似快速排序算法思想）来解题。算法的流程如下：

（1）设数组 nums 的长度为 n，初始化左指针 left=0，右指针 right=n-1。

（2）先从 nums 左侧开始遍历，若当前元素是偶数，则表示该元素已经排好序，left++，直到遇到一个奇数。

（3）再从 nums 右侧开始遍历，若当前元素是奇数，则表示该元素已经排好序，right--，直到遇到一个偶数。

（4）交换当前 left 和 right 位置上的元素，并且重复两边的遍历，直到 left≥right 时结束，此时 nums 数组排序完毕。

该算法时间复杂度为 $O(n)$，空间复杂度为 $O(1)$。

根据上述方案进行编程实现，主要的函数功能介绍如下。

（1）奇偶排序函数 int *ArraySort (int *nums, int n)

采用双指针法，完成数组奇偶排序功能。

（2）主函数 main ( )

初始化待排序数组的元素，调用 ArraySort 函数完成数组奇偶排序。

3. 参考代码

```
int *ArraySort(int *nums, int n)
{
    int left = 0, right = n-1;
    int tmp;
    while (left < right)
    {
        while(left < right && nums[left] % 2 == 0)
        {
            //从左往右遍历，找到第一个偶数
            left++;
        }
        while(left < right && nums[right] % 2 == 1)
        {
            //从右往左遍历，找到第一个奇数
            right--;
        }
        if(left < right)
        {
            //交换当前 left 和 right 位置上的元素
            tmp = nums[left];
            nums[left] = nums[right];
```

```
            nums[right] = tmp;
            left++;
            right--;
        }
    }
    return nums;
}
```

扫描二维码查看完整程序代码。

扫码查看 8.3.1.cpp

4. **功能测试**

（1）示例 1 测试结果如图 8-12 所示。

```
请输入元素的个数n:4
请依次输入数组的数据值:3 1 2 4
按奇偶排序后的数组元素为: 4 2 1 3
--------------------------------
Process exited after 108 seconds with return value 0
请按任意键继续. . .
```

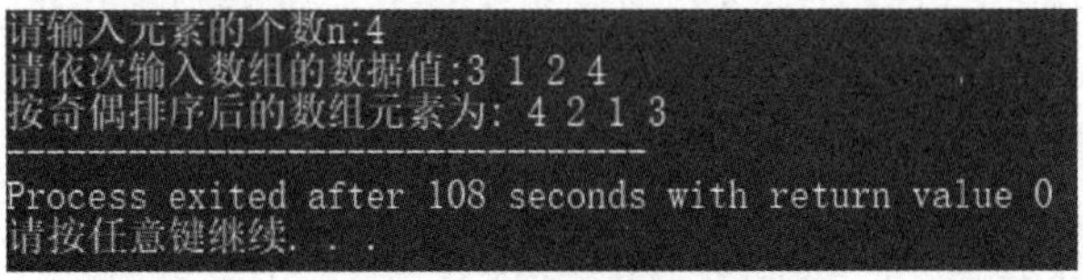

图 8-12　示例 1 测试结果

（2）示例 2 测试结果如图 8-13 所示。

```
请输入元素的个数n:1
请依次输入数组的数据值:0
按奇偶排序后的数组元素为: 0
--------------------------------
Process exited after 19.13 seconds with return value 0
请按任意键继续. . .
```

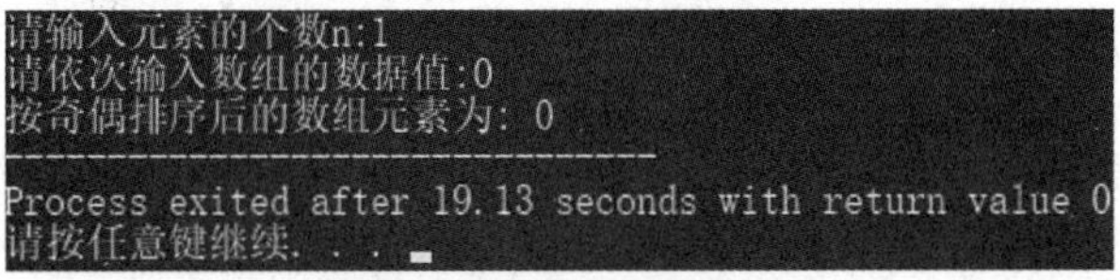

图 8-13　示例 2 测试结果

8.3.2　最大间距

1. **实践内容【LeetCode 164】**

给定一个无序的数组 nums，返回数组在排序之后，相邻元素之间最大的差值。如果数组元素个数小于 2，则返回 0。

必须编写一个在线性时间内运行并使用线性额外空间的算法。

示例 1：

输入：nums = [3,6,9,1]

输出：3

解释：排序后的数组是[1,3,6,9]，其中相邻元素（3,6） 和（6,9）之间都存在最大差值 3。

示例 2：

输入：nums = [10]

输出：0

解释：因为数组元素个数小于 2，因此返回 0。

提示：

1≤nums.length≤10^5

0≤nums[i]≤10^9

2. 实践方案

题目要求时间复杂度和空间复杂度都是 $O(n)$，从多种排序算法中，可以发现基数排序的时间和空间复杂度满足题目要求。这里利用桶排序（类似基数排序）算法思想来解题。

桶可以理解为放一定东西的容器，这里将桶定义为用于存放一定范围的数的容器。例如，定义一个存放大于 1 小于 n 的数的桶，待会遍历数组的时候，遇到大于 1 小于 n 的数，这个数就可以放到这个桶。具体算法的流程如下：

（1）找出该无序数组（长度为 n）的最大数 maxvalue 和最小数 minvalue。

（2）创建 n 个桶。每个桶依次存放从 minvalue 开始，范围为(max−min)/n 的所有数，这里创建两个数组 maxbucket[n]和 minbucket[n]分别存储 n 个桶的最大值和最小值。

例如，若 nums = [3,6,9,1]，最大值是 9，最小值是 1，n = 4，创建 4 个桶，每个桶的范围为（9−1）/4 = 2，即第 1 个桶存放 1~3 范围的数，第 2 个桶存放 4~6 范围的数，第 3 个桶存放 7~9 范围的数，第 4 个桶存放 10~12 范围的数。

（3）遍历数组 nums 中每个元素，更新各桶的最大值 maxbucket[i]和最小值 minbucket[i]。

（4）所有相邻桶的前一个桶的最大值与后一个桶的最小值的差的最大值就是相邻的元素的最大差值，即是该数组排序后的最大间距。

该算法时间复杂度为 $O(n)$，空间复杂度为 $O(n)$。

根据上述方案进行编程实现，主要的函数功能介绍如下。

（1）最大间距函数 MaxGap (int *nums, int n)

利用桶排序（基数排序）算法思想，求得无序数组 nums 排序后的最大间距。

（2）主函数 main ()

初始化一个无序数组的元素，调用 MaxGap 函数输出排序后的最大间距。

3. 参考代码

```
int MaxGap(int *nums,int n)
{
    //利用桶排序（基数排序）算法思想实现最大间距
    int i,index,tmp,maxgap;
    int maxvalue,minvalue,bucketvalue;
    int *minbucket,*maxbucket;
    if(n<2)  return 0;
    minvalue = INT_MAX;   //初始化最小值为 INT_MAX(2147483647)
    maxvalue = INT_MIN;   //初始化最大值为 INT_MAX(-2147483648)
    for(i=0;i<n;i++)
    {
        //找出数组(长度为 n)的最大数和最小数
        if(minvalue>nums[i])  minvalue=nums[i];
        if(maxvalue<nums[i])  maxvalue=nums[i];
    }
    //定义两个数组存储各个桶的最小值和最大值
    minbucket=(int *)malloc(n*sizeof(int));
    maxbucket=(int *)malloc(n*sizeof(int));
```

```c
    for(i=0; i<n; i++)
    {
        //初始化各个桶的最小值和最大值
        minbucket[i] = INT_MAX;
        maxbucket[i] = INT_MIN;
    }
    bucketvalue=(maxvalue-minvalue)/n + 1;  //设定桶的大小
    for(i=0; i<n; i++)
    {
        //遍历数组每个元素，更新各桶的最大值和最小值
        index = (nums[i] - minvalue) / bucketvalue;
        if(minbucket[index]>nums[i])  minbucket[index]=nums[i];
        if(maxbucket[index]<nums[i])  maxbucket[index]=nums[i];
    }
    maxgap = 0;
    index = 0;
    for(i = 1; i < n; i++)
    {
        //求得各个桶之间的最大间距
        if(minbucket[i] == INT_MAX)
            continue;
        tmp = minbucket[i] - maxbucket[index];
        index = i;
        if(maxgap < tmp)
            maxgap = tmp;
    }
    return maxgap;
}
```

扫描二维码查看完整程序代码。

扫码查看 8.3.2.cpp

4. 功能测试

（1）示例 1 测试结果如图 8-14 所示。

图 8-14　示例 1 测试结果

（2）示例 2 测试结果如图 8-15 所示。

图 8-15　示例 2 测试结果

8.4 考研进阶

8.4.1 找伙伴

1. 实践内容【2016 年全国硕士研究生入学考试 408 试题】

已知由 n（$n \geqslant 2$）个正整数构成的集合 $A = \{a_k | 0 \leqslant k < n\}$，将其划分为两个不相交的子集 A_1 和 A_2，元素个数分别是 n_1 和 n_2，A_1 和 A_2 中元素之和分别为 S_1 和 S_2。设计一个尽可能高效的划分算法，满足 $|n_1 - n_2|$ 最小且 $|S_1 - S_2|$ 最大。要求：

（1）给出算法的基本设计思想。
（2）根据设计思想，采用 C 或 C++语言描述算法，关键之处给出注释。
（3）说明所设计算法的时间复杂度和空间复杂度。

2. 实践方案

由题意可知，要满足 $|n_1 - n_2|$ 最小且 $|S_1 - S_2|$ 最大，所有数均为正数，假设 $S_1 \leqslant S_2$，S_1 为较小的 [n/2] 个数的和，S_2 为较大的 [n/2] 个数的和。

方案一：采用快速排序的方法

这个方法是比较容易想到的。将 n 个数采用快速排序算法进行排序，排序后前 [n/2] 个数的和为 S_1，后面 [n/2] 个数的和为 S_2。算法时间复杂度为 $O(n\log_2 n)$，空间复杂度为 $O(\log_2 n)$，该方法不是题目的最优解。

方案二：采用选择算法

此题并不需要对数组进行完全排序，只需要利用快速排序的划分数组算法将数组划分为小于枢轴的部分和大于枢轴的部分，即选择算法。具体过程如下：

（1）初始化两个指针 low = 0 和 high = n-1，分别指向数组的下界和上界，选择数组 a[low] 作为枢轴进行划分，划分后枢轴所处的位置为 i。
（2）若 $i = n/2 - 1$，则分组完成，计算两子集和的最大差值，算法结束。
（3）若 $i < n/2 - 1$，则枢轴及之前的所有元素都属于子集 A_1，继续对 i 之后的元素进行划分；
（4）若 $i > n/2 - 1$，则枢轴及之后的所有元素都属于子集 A_2，继续对 i 之前的元素进行划分。

该算法不需要对全部元素进行全排序，其时间复杂度为 $O(n)$，空间复杂度为 $O(1)$。

本实践根据上述方案二进行编程实现，主要的函数功能介绍如下。

（1）划分子集函数 SetPartition (int *a, int n)

利用选择算法将数组划分为两个子集，并满足 $|n_1 - n_2|$ 最小且 $|S_1 - S_2|$ 最大。

（2）主函数 main ()

完成待划分数组初始化，调用 SetPartition 函数输出数组划分后的最大差值。

3. 参考代码

```c
int SetPartition(int *a, int n)
{
    //划分数组的两个子集
    int p,low=0,low0=0;
    int high=n-1,high0=n-1;
    int flag=1,k=n/2,i;
    int s1=0,s2=0;
    while(flag)
    {
        p=a[low];           //选择划分的枢轴
        while(low < high)
        {
            //基于枢轴对数据进行划分
            while(low < high && a[high] >= p)  --high;
            if(low!=high)  a[low]=a[high];
            while(low < high && a[low] <= p)  ++low;
            if(low!=high)  a[high]=a[low];
        }
        a[low]=p;
        if(low==k-1)        //若枢轴位置等于 k-1，划分成功
            flag=0;
        else                //继续划分
        {
            if(low<k-1)  //若枢轴位置小于 k-1，重新调整 low 和 high
            {
                low0 = ++low;
                high=high0;
            }
            else
            {
                high0 = --high;
                low = low0;
            }
        }
    }
    printf("划分后的子集 A1=");
    for(i=0;i<k;i++)
    {
        s1=s1+a[i];
        printf("%d ",a[i]);
    }
    printf("\n");
    printf("划分后的子集 A2=");
    for(i=k;i<n;i++)
    {
        s2=s2+a[i];
        printf("%d ",a[i]);
    }
    printf("\n");
    printf("子集 A1 的元素之后 S1 = %d\n",s1);
    printf("子集 A2 的元素之后 S2 = %d\n",s2);
    return s2-s1;
}
```

扫描二维码查看完整程序代码。

扫码查看 8.4.1.cpp

4. 功能测试

（1）数组元素个数为偶数时的测试结果如图 8-16 所示。

图 8-16　数组元素个数为偶数时的测试结果

（2）数组元素个数为奇数时的测试结果如图 8-17 所示。

图 8-17　数组元素个数为奇数时的测试结果

8.4.2　查找数组中最小的 10 个数

1. 实践内容【2022 年全国硕士研究生入学考试 408 试题】

现有 n（$n > 100000$）个数保存在一维数组 M 中，需要查找 M 中最小的 10 个数，请回答下列问题。

（1）设计一个完成上述查找任务的算法，要求平均情况下的比较次数尽可能少，简单描述其算法思想，不需要程序实现。

（2）说明所设计的算法平均情况下的时间复杂度和空间复杂度。

2. 实践方案

本题要求平均情况下的比较次数尽可能少，若采用排序算法对数组进行从小到大排序，再取前 10 个数，方法简单，但时间复杂度为 $O(n^2)$，不符合题目的要求。该题常采用堆排序和选择排序来解决，下面将介绍堆排序解题方案，选择排序方法可参考 8.4.1 节，读者可自行完成。

堆排序解决方案介绍如下：

（1）首先选取数组中的前 K 个数建立最大堆（根节点值大于左右节点值）。

（2）每次从原数组中取一个元素与大根堆的根节点进行比较，如果该元素大于根节点的元素，则继续取下一个数组元素进行比较。

（3）如果小于根节点的元素，则将其加入最大堆，并进行堆调整，将根元素移动到最后再删除，即保证最大堆中的元素仍然是排名前 K 的数，且根元素仍然最大。

（4）比较完毕后，最后的堆就是数组中最小的 K 个数，再对此堆调用堆排序算法从小到大输出 K 个数字。

根据上述方案进行编程实现，主要的函数功能介绍如下。

（1）堆调整函数 HeapAdjust (int arr[], int start, int end)

去掉根元素后，在堆顶元素改变之后，对剩余元素进行调整，使其变成一个新的堆。

（2）取最小 K 个数函数 GetLeastNumbers (int input[], int n, int output[], int K)

首先是对数组中的前 K 个数完成初始大根堆的建立，之后依次从原数组中取一个元素与大根堆的根节点进行比较，若小于根节点的元素则调用堆调整 HeapAdjust 函数调整堆，最后实现取出最小的 K 个数。

（3）堆排序函数 HeapSort (int arr[], int len)

对 GetLeastNumbers 函数取出的最小 K 个数的大根堆进行从小到大排序。

3. 参考代码

```c
void HeapAdjust(int arr[],int start,int end)
{
    int temp,i;
    if(arr==NULL||start<0||end<=0||start>=end)  return;
    temp = arr[start];
    i = start*2 + 1;
    while(i <= end)
    {
        if(i+1 <= end && arr[i+1] > arr[i])  i++;
        if(temp > arr[i])  break;
        arr[start] = arr[i];
        start = i;
        i = i*2+1;
    }
    arr[start] = temp;
}

bool GetLeastNumbers(int input[],int n,int output[],int k)
{
    //取最小的 K 个数
    int count = 0;
    int i,j;
    bool needBuildHeap = true;
    if(input==NULL||output==NULL||n<=0||k<=0||k>n)
        return false;
    for(i = 0; i < n; i++)
    {
        if(count < k)  output[count++] = input[i];
        else
        {
            //第一次需要整体建堆
            if(needBuildHeap)
            {
                for(j=k/2-1;j>=0;j--)//建堆,从第一个非叶子节点开始
```

```
                {
                    HeapAdjust(output,j,k-1);
                }
                needBuildHeap = false;
            }
            //大顶堆建好之后，比较当前遍历的整数与堆顶元素大小
            if(input[i] >= output[0])      //大于等于堆顶元素，舍弃
                continue;
            //如果比堆顶元素小，那么需要交换
            output[0] = input[i];
            HeapAdjust(output,0,k-1);      //重新调整为大顶堆
        }
    }
    return true;
}

//对最小的K个数进行堆排序，从小到大输出
void HeapSort(int arr[],int len)
{
    int i,temp;
    if(arr == NULL || len <= 1)  return;
    for(i = len/2-1; i >= 0; i--)
        HeapAdjust(arr,i,len-1);
    for(i = len-1; i > 0; i--)
    {
        temp = arr[0];
        arr[0] = arr[i];
        arr[i] = temp;
        HeapAdjust(arr,0,i-1);
    }
}
```

扫描二维码查看完整程序代码。

扫码查看 8.4.2.cpp

4. 功能测试

最小 10 个数测试结果如图 8-18 所示。

```
请输入元素个数n(n>0),最小K个数(k>0):20 10
请输入20个元素的值: 23 5 9 7 20 35 45 6 3 12 75 60 15 26 45 1 4 58 92 6
数组中最小的10个数是: 1 3 4 5 6 6 7 9 12 15
--------------------------------
Process exited after 125.6 seconds with return value 0
请按任意键继续. . .
```

图 8-18　最小 10 个数测试结果

参考文献

[1] 唐发根. 数据结构教程[M]. 北京：北京航空航天大学出版社，2020.
[2] 王彤，杨雷，鲍玉赋，等. 数据结构实验教程[M]. 北京：清华大学出版，2021.
[3] 刘小晶，朱蓉，等. 数据结构渐进实践指导（融媒体版）[M]. 北京：清华大学出版，2023.
[4] 李春葆. 数据结构教程上机实验指导[M]. 北京：清华大学出版社，2017.
[5] 严蔚敏，李冬梅，吴伟民. 数据结构（C语言版）[M]. 2版. 北京：人民邮电出版社，2022.

反侵权盗版声明

电子工业出版社依法对本作品享有专有出版权。任何未经权利人书面许可，复制、销售或通过信息网络传播本作品的行为，歪曲、篡改、剽窃本作品的行为，均违反《中华人民共和国著作权法》，其行为人应承担相应的民事责任和行政责任，构成犯罪的，将被依法追究刑事责任。

为了维护市场秩序，保护权利人的合法权益，我社将依法查处和打击侵权盗版的单位和个人。欢迎社会各界人士积极举报侵权盗版行为，本社将奖励举报有功人员，并保证举报人的信息不被泄露。

举报电话：（010）88254396；（010）88258888
传　　真：（010）88254397
E-mail：　dbqq@phei.com.cn
通信地址：北京市海淀区万寿路173信箱
　　　　　电子工业出版社总编办公室
邮　　编：100036